Wir machen Zukunft!

Für Lucas, Joakim und Maelys,
AkteurInnen der neuen Welt

Julieta Cánepa • Pierre Ducrozet

Wir machen Zukunft!

Aus dem Französischen
von Kristina Petersen

GABRIEL

Inhaltsverzeichnis

Victor Noël
76

84
Malala
Yousafzai

92
Muzoon
Almellehan

Memory
Banda
102

110
Jazz
Jennings

Emma
González
122

Joshua Wong
132

142
Karolína
Farská

WIR MACHEN ZUKUNFT!

Zeit für Veränderung!
Ein Ruck geht durch unsere Gesellschaft, und es sind Jugendliche, die der Auslöser dafür sind. Ein neues ökologisches Bewusstsein, der Wunsch nach politischem Wandel und sozialer Gerechtigkeit. Wo PolitikerInnen oft untätig, feige und nicht entschlossen genug sind, agieren die Jugendlichen wagemutig, unerschrocken und kompromisslos.
Sie gehen die Probleme an. Unsere Erde ist bedroht, Tiere und Pflanzen sterben, die Temperaturen steigen, in vielen Ländern leiden Menschen unter Unterdrückung, Gewalt, Korruption, Intoleranz und sozialer Ungerechtigkeit. All das nehmen die Jugendlichen wahr, und sie prangern diese Missstände lautstark an.

Diese Jugendlichen, die meisten zwischen 14 und 22 Jahre alt, nehmen die Dinge in die Hand und rütteln Erwachsene und Regierende wach. Sie engagieren sich für eine bessere Welt. Denn sie sind es, die diesen Planeten in Zukunft bewohnen werden, und sie wollen mitentscheiden, wie das Leben dann aussehen soll.
Sie erben eine Welt, in der sehr vieles im Argen ist; die sie sich nicht ausgesucht haben. Diese Bürde nehmen sie an und versuchen, sie in eine spannende Herausforderung zu verwandeln.

Ihr Engagement und ihre Ziele, die wir in diesem Buch vorstellen, betreffen verschiedene Bereiche, die jedoch miteinander verbunden sind: Der Kampf für die Umwelt, für Bildung, Feminismus und für den Schutz der Minderheiten – alles hängt zusammen. Jahrhunderte der Unterdrückung haben eine feministische Bewegung geschaffen, die unsere Gesellschaft grundlegend verändert hat. Jahrhunderte der Ausbeutung der natürlichen Lebensräume haben das Ökosystem auf der Erde schwer belastet und teilweise zerstört, sodass das Leben auf unserem Planeten gefährdet ist.

Angesichts dieser gewaltigen Herausforderungen muss die junge Generation kreativ und visionär sein, um neue Wege einzuschlagen. Die Welt retten? Nicht nur! Denn es geht darum, unsere Lebensweise neu zu erfinden, einen nachhaltigen Pakt mit der Natur zu schließen, neue Werte zu definieren. Der Klimawandel und die Zerstörung der Ökosysteme könnten Antrieb und Motivation sein, unsere Umwelt neu zu entdecken, die Erde auf neue, alternative Art zu bewohnen, die globale Bedrohung als Herausforderung und als Chance zu sehen.

Die Kinder des neuen Jahrhunderts sind voller Energie und Tatendrang. Sie sind Meister darin, alle Mittel zu nutzen, die ihnen zur Verfügung stehen: über digitale Kanäle oder auf Kundgebungen, bei Demonstrationen oder auf juristischem Wege. Durch das Internet können sie ihre Ideen mit bislang ungekannter Geschwindigkeit und Wirksamkeit verbreiten und mit Leichtigkeit Aktionen planen.

Die Jugendlichen haben Fantasie. Sie denken in Zusammenhängen, flexibel und global. Sie wissen, dass das gesamte wirtschaftliche, politische und soziale System verändert werden muss: Denn es ist das System, das gescheitert ist und das uns dorthin gebracht hat, wo wir heute stehen.

Ein Ruck geht durch diese Welt des Profits und des extremen Individualismus. Eine Bewegung entsteht, hier, vor unseren Augen. Eine Bewegung aus einzelnen Gesichtern. Und Namen. Aber vor allem aus einem Kollektiv, das sich durch seine gemeinsamen Ziele definiert und es ablehnt, Wortführer in den Vordergrund zu stellen. Hier sind die AktivistInnen und ihre Geschichten, die die Welt für uns alle wieder ein bisschen bunter machen.

Klimabewegung

GRETA THUNBERG

WIE ALLES BEGINNT

Im Sommer 2018 leidet die 15-jährige Greta Thunberg unter der Hitze, so wie alle anderen auch. Die Temperaturen erreichen überall auf der Welt Höchstwerte, von Kalifornien bis Japan. Greta hat auch ohne die Brände, die Hungernden und die Umweltkatastrophen schon lange das Ausmaß des bevorstehenden Klimawandels erkannt – eben, weil er nicht bevorsteht, sondern bereits da ist. Seit Jahren redet sie darüber, mit ihrer Familie, ihren Freunden, mit allen, die ihr zuhören. Aber keiner reagiert. Alle leben so weiter wie immer.

Greta will sich nicht länger verstellen. Sie kann nicht mehr wie alle anderen mit dieser »kognitiven Dissonanz« leben (man denkt etwas, aber man tut das genaue Gegenteil davon. In diesem Fall: Man weiß, dass die Erde in Gefahr ist, aber man tut nichts dagegen). Greta trifft eine Entscheidung: Um ihren Protest auszudrücken, wird sie in den Schulstreik treten.

Es ist Anfang August 2018, der Unterricht geht am 20. August wieder los und die schwedischen Parlamentswahlen sind für den 9. September angesetzt. Die Regierung unterstützt weiterhin Industrien mit hohem CO_2-Ausstoß und unternimmt nicht genug gegen die Umweltverschmutzung, sie verhält sich so, als hätte sie das Klimaabkommen von Paris nie unterzeichnet. Bei der UN-Klimakonferenz 2015 hatten sich 195 Staaten dazu verpflichtet, ihre Treibhausgasemissionen, die Hauptursache der globalen Klimaerwärmung, stark zu reduzieren. So soll verhindert werden, dass die Temperatur auf der Erde im Vergleich zum Jahr 1850, der sogenannten vorindustriellen Zeit, um mehr als 2 Grad ansteigt.

Der 20. August rückt näher.

Ihre Eltern versuchen, Greta vom Streik abzubringen. Auch wenn sie viel Verständnis für ihre Tochter haben und ihre Intelligenz und Sensibilität kennen, finden beide, dass sie zu weit geht: ein junges Mädchen vor dem schwedischen Parlament – das wird nichts bringen außer Schwierigkeiten. Denn Greta hat beschlossen, ihren Streikposten direkt vor dem Parlamentsgebäude aufzubauen! Wenn doch zumindest ein paar Freundinnen oder Freunde sie begleiten würden ... Aber Greta ist allein.

Dabei ist es nicht das erste Mal, dass Greta Thunberg ihre Entschlossenheit beweist. Seit mehreren Jahren schon traktiert sie ihre Eltern mit Filmen, Reportagen und Büchern über den Klimawandel. Sie hat sie dazu gedrängt, ihren Lebensstil zu ändern, Vegetarier zu werden, nicht mehr zu fliegen (was Konsequenzen für die internationale Karriere ihrer Mutter, einer Opernsängerin, hat – aber das spielt in Gretas Augen keine Rolle) und ihre politischen und ökonomischen Einstellungen zu hinterfragen.

Als Greta unter einer schweren Depression litt, haben ihre Eltern sie unterstützt und alles getan, damit sie schnell wieder gesund wurde. Gretas Depression war auf mehrere Faktoren zurückzuführen: Sie hat das Asperger-Syndrom (eine Form von Autismus), und die Unsicherheit der Weltlage und der ökologischen Gefahren lösen negative Gefühle wie Angst und Einsamkeit bei ihr aus. Jetzt geht es ihr wieder etwas besser, auch wenn die Gründe für ihre Ängste nicht beseitigt sind und die Weltlage sich noch weiter verschlechtert hat. Dennoch finden Gretas Eltern ihre Streikaktion nicht sinnvoll.

Dann ist der 20. August da.
Greta hat ihren Rucksack gepackt: eine Flasche Wasser, etwas zu essen, ein paar Bücher. Am Morgen hat sie noch einen Pappkarton auf ein Holzschild geklebt. Darauf schreibt sie »Skolstrejk för klimatet« – *Schulstreik für das Klima*. Sie klemmt sich das Schild unter den Arm, nimmt ihren Rucksack und geht, wie jeden Tag, aus dem Haus.
Auf dem Weg in die Innenstadt scheint die Sonne. Schließlich lässt Greta sich auf dem gepflasterten Platz vor dem schwedischen Parlament nieder, ihren Rucksack auf der einen Seite, ihr Schild auf der anderen. Sie trinkt einen Schluck Wasser. Sie lächelt. Der Tag beginnt.
Als Greta ein paar Stunden später wieder aufsteht, ist sie ganz aufgekratzt. Zwar sind nur wenige Menschen stehen geblieben, ein paar Passanten, keine Abgeordneten, aber das macht ihr nichts aus, sie ist zufrieden mit ihrer Aktion und will am nächsten Tag unbedingt wiederkommen! Und das tut sie auch.
Nach den ersten Tagen gesellen sich einige ihrer KlassenkameradInnen dazu, erste Journalisten sprechen sie an. Greta kommt jeden Tag wieder, streikt zwei ganze Wochen lang. Bis ihre Eltern schließlich einschreiten und eine Abmachung mit ihr treffen: Ab sofort wird sie jeden Freitag streiken und die restlichen Tage zur Schule gehen.
Greta weiß: Sie tut das Richtige. Denn das Leben auf der Erde ist bedroht, mehr und mehr Tier- und Pflanzenarten verschwinden, die Ozeane erwärmen sich ... Warum sollte sie also mit ihrem Protest aufhören?
Greta wird jeden Freitag streiken, bis sich etwas ändert.

Greta Thunberg vor dem Riksdagen, dem schwedischen Parlament, am 28. August 2018 in Stockholm.

Mittlerweile streiken die Jugendlichen zu Dutzenden auf dem Riksplan, dem Platz vor dem schwedischen Parlament. Es wird September, dann Oktober. Zuerst sind die Pflastersteine des Platzes noch warm, dann nur noch lauwarm, bald kalt. Greta Thunberg erhält Nachrichten von SchülerInnen und StudentInnen aus Belgien, Deutschland, sogar aus Kanada, die von ihrer Aktion gehört haben und die ihre Solidarität bekunden. Auch sie möchten aktiv werden. »Dann tut es doch«, antwortet Greta ihnen. Die schwedischen Wahlen führen zu einem Sieg der linken Koalition, der auch die Umweltschützer angehören, aber der Kurs der Regierung ändert sich nicht.

Greta gibt nicht auf.
Sie bereitet sich auf eine Reise vor. Am 14. Dezember 2018 will sie nach Kattowitz in Polen reisen. »Warum?«, fragen ihre Freunde. »Weil dort die 24. UN-Klimakonferenz stattfindet«, antwortet Greta, »zu der wichtige Politiker aus der ganzen Welt anreisen, um zu überprüfen, ob das Pariser Abkommen eingehalten wird, und um die aktuelle ökologische und klimatische Situation auf der Welt zu diskutieren. Und da die Lage dramatisch ist, und es keiner sehen will, werde ich hinfahren und es ihnen persönlich sagen.«
Anfang Dezember steigt Greta mit ihrem Vater in das Elektroauto der Familie. »Bist du bereit?«, fragt Svante Thunberg seine Tochter. »Dann auf nach Polen!«
Greta reist nur mit der Bahn oder dem Elektroauto, da Fliegen zu umweltschädlich ist. Sie will im Einklang mit ihren Überzeugungen leben. In Kattowitz spricht sie vor MinisterInnen und Staatsoberhäuptern aus der ganzen Welt. Ihre Stimme ist gefasst, eindringlich und zittert nicht. Die Teilnehmer der Konferenz sind gebannt. Wer ist dieses junge Mädchen im karierten Hemd, mit den Zöpfen und dem durchdringenden Blick?

»Unsere Zivilisation wird für eine Handvoll Menschen geopfert, die immer mehr Geld verdienen wollen. Unsere Umwelt wird geopfert, damit reiche Menschen in Ländern wie dem meinen im Luxus leben können. Viele bezahlen mit großem Leiden für den Luxus der wenigen. (...) 2078 werde ich meinen 75. Geburtstag feiern. Wenn ich Kinder habe, werden sie vielleicht den Tag mit mir verbringen. Vielleicht werden sie mich nach Ihnen fragen. Vielleicht werden sie fragen, warum Sie nichts unternommen haben, obwohl Sie noch die Gelegenheit dazu hatten. Sie sagen, dass Sie Ihre Kinder über alles lieben, aber gleichzeitig rauben Sie ihnen vor ihren Augen ihre Zukunft. (...) Wir müssen die Förderung fossiler Brennstoffe stoppen. Wir müssen den Schwerpunkt auf Gerechtigkeit legen. Und wenn es so schwierig ist, Lösungen innerhalb des bestehenden Systems zu finden, dann sollten wir das System ändern.«

Man hört die Wut in Gretas Stimme, sie beeindruckt die Staatsoberhäupter der ganzen Welt. »Sie sind nicht erwachsen genug, um die Dinge beim Namen zu nennen. Selbst diese Bürde überlassen Sie uns Kindern.« In wenigen Sätzen stellt Greta das System auf den Kopf: Ihr, die Erwachsenen, die Regierenden, die KonzernchefInnen oder VerbraucherInnen, seid die Unreifen, sagt sie. Und da ihr offensichtlich nicht in der Lage seid, etwas zu ändern, werden wir, die Kinder des 21. Jahrhunderts, die Führung übernehmen. »Wir sind hierhergekommen, um Ihnen mitzuteilen, dass ein Wandel kommen wird, egal, ob es Ihnen gefällt oder nicht. Die wirkliche Macht gehört den Menschen.« Mit diesen Worten verlässt Greta Thunberg die Bühne.

In den Tagen danach geht das Video mit der beeindruckenden Rede des jungen Mädchens um die ganze Welt. Sie erinnert die Erwachsenen an ihre Verantwortung, diese 15-jährige Schülerin, die sagt, wie es ist: Wir müssen alles ändern, alles neu überdenken, unser wirtschaftliches und politisches System führt uns in eine Sackgasse.
Greta Thunberg kehrt nach Stockholm zurück, wo sie wieder zur Schule geht. Und streikt. Das Interesse an ihrer Protestaktion wächst. Von allen Seiten bekunden Jugendliche ihre Unterstützung. Gretas Twitter- und Instagram-Accounts werden überrannt. In verschiedenen anderen Ländern werden im November und Dezember 2018 Streiks ausgerufen: in Australien (lies nach auf S. 23), Österreich, den Niederlanden, Deutschland, Großbritannien, Kanada, den USA und Japan. Es braut sich was zusammen.

Streik fürs Klima

Die 24. UN-Klimakonferenz in Kattowitz war ein Erfolg, aber für Greta ist das nicht genug. Nun will sie ihr Pappschild nach Davos mitnehmen, zum Weltwirtschaftsforum im Januar 2019, bei dem WirtschaftsführerInnen, PolitikerInnen und Intellektuelle aus der ganzen Welt zusammenkommen, um über die großen Fragen der Gegenwart zu diskutieren. Es ist eine lange Zugreise, die sie mit ihrem Vater macht, insgesamt ist sie hin und zurück über zwei Tage unterwegs; für Greta kein Problem, sie hat Zeit. Doch es bleibt nicht mehr viel Zeit, um etwas gegen den Zustand der Erde zu unternehmen.
Als sie in Zürich ankommt, wo eine Traube von Journalisten schon auf sie wartet, sieht sie etwas, das sie sprachlos macht: Am Flughafen parken Hunderte von Privatjets nebeneinander. So bewegen sich die Mächtigen dieser Welt: in einem der umweltschädlichsten Verkehrsmittel schlechthin, und jeder in seinem Privatjet – während die CO_2-Belastung der Atmosphäre immer neue Höchstwerte erreicht. Der Mensch zerstört sich selbst, bei vollem Bewusstsein.

Am 25. Januar 2019 ergreift Greta das Wort. Wieder erregt ihre Rede großes Aufsehen. »Ich bin hier, um zu sagen, dass unser Haus brennt. Die Klimakrise ist die größte und komplexeste Herausforderung, die der Mensch je zu bewältigen hatte. Dabei ist die Lösung so einfach, dass auch ein kleines Kind sie verstehen kann: Wir müssen unsere Treibhausgasemissionen stoppen. (...) Erwachsene sagen immer wieder: ›Wir sind es den jungen Leuten schuldig, ihnen Hoffnung zu geben.‹ Aber ich will eure Hoffnung nicht. Ich will nicht, dass ihr hoffnungsvoll seid. Ich will, dass ihr in Panik geratet. Ich möchte, dass ihr die Angst spürt, die mich jeden Tag begleitet. Und dann will ich, dass ihr handelt. Ich möchte, dass ihr so handelt, als ob unser Haus in Flammen steht. Denn so ist es.«
Als Greta Thunberg Davos verlässt, ist sie längst zu einer Symbolfigur für den Kampf für die Umwelt geworden.

Dann überschlagen sich die Ereignisse.
Als Greta am darauffolgenden Freitag wieder ihren Platz vor dem Parlament einnimmt, um in ihrem gelben Friesennerz weiter zu streiken, warten auf dem Riksplan Hunderte von Menschen auf sie. Und Tausende andere tun es ihr gleich, in Europa, Amerika und Asien.
Das ist der Beginn einer weltweiten Bewegung: »Strike for Climate« – *Streik fürs Klima*. Greta Thunberg ist nicht die einzige Anführerin: In ihrer Entschlossenheit ähnelt sie zahllosen anderen Jugendlichen, die politisch motiviert und engagiert nur auf diesen Impuls gewartet haben, um ihrerseits aktiv zu werden.

Greta erhält eine Nachricht von zwei jungen Belgierinnen, Anuna De Wever und Kyra Gantois. Die drei sykpen miteinander. Die beiden Belgierinnen sind von Gretas Ausstrahlung und Willensstärke beeindruckt. Sie wollen es ihr nachtun und in Belgien ihre eigene Bewegung gründen. Diese startet am 10. Januar 2019.
Greta erhält auch Nachrichten aus Deutschland, wo zahlreiche Jugendliche und junge Erwachsene bereits mit Streiks begonnen haben und sich ihrem Engagement anschließen wollen. Die Studentin Luisa Neubauer aus Hamburg, zu diesem Zeitpunkt 22 Jahre alt, ist eine der treibenden Kräfte dieser Bewegung, die von nun an tagtäglich in allen Städten des Landes mehr Zulauf erhält. Mehr und mehr SchülerInnen folgen dem Vorbild von Greta und gehen freitags während der Unterrichtszeit auf die Straßen, um zu protestieren. Nicht alle Erwachsenen akzeptieren das: Viele SchülerInnen in Deutschland werden von ihren Schulen wegen unentschuldigter Abwesenheit ermahnt. Bald wird fast überall gestreikt – von Argentinien bis nach Südkorea, von Neuseeland bis nach Südafrika: Die ganze Welt mobilisiert sich.

Vorname: **Greta**

Nachname: **Thunberg**

Geboren: **2003**

Land: **Schweden**

Instagram: **gretathunberg**

Twitter: **@GretaThunberg**

Klima-bewegung

PORTRÄT

Wir haben Greta Thunbergs starke Persönlichkeit beschrieben und die Entschlossenheit, mit der sie diese große kollektive Bewegung ins Leben gerufen hat. Ohne aus ihr eine Ikone machen zu wollen, was weder ihr noch unser Anliegen ist, möchten wir hier versuchen, sie etwas ausführlicher zu porträtieren.

Ihre Eltern sagen, dass ihre Tochter schon immer anders und anfangs sehr verschlossen war. Als die Ärzte bei Greta das Asperger-Syndrom, eine Form von Autismus, diagnostizierten, wurde ihnen manches verständlicher, vor allem die Depression, unter der Greta litt. Die ausgeprägte Sensibilität, ein typisches Merkmal dieses Syndroms, ist einer der Gründe, warum Greta nicht wie alle anderen wegsehen kann, sondern die Dinge wirklich verändern will. »Anders zu sein ist ein Geschenk«, hat sie im britischen Radio erklärt. »Es hilft mir, die Dinge von außen zu sehen. Ich falle nicht leicht auf Lügen herein, ich durchschaue die Dinge. Wenn ich so wie alle anderen wäre, hätte ich zum Beispiel diesen Schulstreik nicht begonnen.«

»Ich denke viel nach; zu viel vielleicht«, hat Greta in einem langen Interview mit der englischen Tageszeitung *The Guardian* gesagt. »Manche Menschen können die Dinge einfach loslassen, aber ich kann das nicht, vor allem, wenn es etwas gibt, das mich beunruhigt oder traurig macht.«

Als Greta begreift, wie sehr der Klimawandel unsere Erde bedroht, kann sie nicht mehr wegschauen. So beginnt ihr Engagement, zuerst innerhalb ihrer Familie und bald darüber hinaus. Alle reden davon, dass man etwas unternehmen sollte, aber niemand tut etwas. Also überwindet sie ihre Ängste, ihre Verschlossenheit und geht die Dinge an. Sie spricht zunächst mit ihren Eltern, die ihr zuhören und versuchen, sie zu beruhigen. »Nach einer Weile fingen sie an, mir tatsächlich zuzuhören. Da wurde mir bewusst, dass ich etwas bewirken konnte. So habe ich mich aus meiner Depression befreit, weil ich mir dachte: Es ist einfach Zeitverschwendung, mich so zu fühlen, denn ich könnte mit meinem Leben etwas Gutes bewirken.«

Die Proteste der SchülerInnen von Parkland, Florida, nach dem Schulmassaker vom 14. Februar 2018 (lies nach bei Emma González, S. 122 ff.) sind eine große Inspiration für Greta. Ihre Breitenwirkung und die positive Kraft, die von den Protesten ausging, geben Greta die Energie, ihre eigene Bewegung zu gründen. Das ist der Moment, in dem sie entscheidet, selbst tätig zu werden und einen Streik zu beginnen. Was folgt, sprengt bei Weitem ihre Erwartungen.

Greta Thunberg steht vor großen Herausforderungen. Mit gerade mal 16 Jahren hat sie eine riesige Umweltschutzbewegung ins Leben gerufen und ist als deren Vorkämpferin ins Licht der Öffentlichkeit getreten. Sie wurde sogar schon als die nächste Friedensnobelpreisträgerin gehandelt. Man muss schon sehr ausgeglichen und gelassen sein, um damit gut zurechtzukommen, besonders, wenn man noch so jung ist. Angesichts ihrer außergewöhnlichen Persönlichkeit sind wir uns sicher, dass es Greta Thunberg gelingen wird.

Natürlich bleiben kritische Stimmen nicht aus, auch in ihrem Fall nicht. Deshalb braucht Greta einen kühlen Kopf und eine große Portion Unbeirrbarkeit, um sich davon nicht verunsichern zu lassen. Beides hat sie, zum Glück!

»Ich könnte mit meinem Leben Gutes bewirken.«

DIE BEWEGUNG

Geburt einer kollektiven Bewegung

Februar 2019. Die Schulstreiks für das Klima werden mittlerweile auf der ganzen Welt veranstaltet.

In Kanada organisiert die 16-jährige Rebecca Hamilton zusammen mit ihren MitstreiterInnen den Protest. (Bei allen Demonstrationen fällt auf, dass viel mehr Mädchen als Jungen demonstrieren.) Rebecca beeindruckt ihre Zuhörer durch ihre Redegewandtheit. Auch in Australien gibt es eine riesige Protestbewegung (lies nach auf S. 23).
Überall sind die Jugendlichen von den gleichen Überzeugungen getragen und agieren auf ähnliche Weise. Obwohl manche Persönlichkeiten aus der Menge herausragen, verstehen sich diese Bewegungen vor allem als ein Kollektiv, ohne einen Anführer, ohne Leader. Das Wichtigste ist die Botschaft, das Engagement, das Ziel. Und noch etwas ist sehr typisch für diese Bewegungen: Alle haben verstanden, dass das Engagement global und länderübergreifend sein muss; dass sämtliche Bestrebungen ansonsten keinen Erfolg haben werden. Die Klimakrise gefährdet den gesamten Planeten und die

Bedrohung kennt keine Grenzen. Wenn ein Land eine Maßnahme ergreift und das Nachbarland nicht mitzieht, scheitert die ganze Initiative. Die Änderungen müssen weltweit durchgesetzt werden, sonst bewirken sie gar nichts. Die Bewegung sieht die Erde als Einheit, deshalb müssen auch ihre Aktionen global sein. Zwar sind momentan noch nicht alle Länder und Meere gleichermaßen betroffen, aber das wird sich ändern, falls nichts geschieht.

Was diese Protestbewegung außerdem auszeichnet: Die junge Generation des 21. Jahrhunderts hat begriffen, dass sie selbst handeln muss. Sie und ihre Kinder sind es, die von den Folgen des Klimawandels am stärksten betroffen sein werden und die nach Lösungen suchen müssen. Und zwar sofort, denn es ist höchste Zeit.

Der Motor dieser Bewegung ist ihre große Entschlossenheit, der Wille zu handeln. Allen ist klar: Den Klimawandel zu bekämpfen, wird *die* Aufgabe des 21. Jahrhunderts sein. Und man muss jetzt damit beginnen. Was nützen Schulausbildung und Studium, wenn das Leben auf der Erde nicht mehr lebenswert ist?

Auch in der Wahl ihrer Organisations- und Kommunikationswege beschreitet die Protestbewegung Neuland. Man schreibt sich auf WhatsApp, organisiert Veranstaltungen auf Facebook, Informationen verbreiten sich mit rasanter Geschwindigkeit übers Internet, und man kann innerhalb kürzester Zeit Hunderte, sogar Tausende von Freiwilligen mobilisieren. Als Digital Natives beherrschen die Jugendlichen diese Neuen Medien und Kommunikationsformen wie keine Generation zuvor. Innerhalb weniger Monate konnte sich der einsame Streik einer jungen Schwedin mit den Protesten Tausender junger Menschen auf der ganzen Welt vereinen, und das vor allem dank Internet und den sozialen Netzwerken. Dass eine junge Neuseeländerin oder Brasilianerin nach wenigen Sekunden weiß, was gerade in Brüssel oder Lagos geschieht, ist radikal neu und bietet ungeahnte Möglichkeiten für den globalen Kampf. Das hat man bereits 2017 bei der feministischen MeToo-Bewegung sehen können (die immer noch andauert), heute erleben wir es bei den Protestaktionen für die Umwelt.

All diese Streikbewegungen haben ein erstes Ziel vor Augen: den 15. März 2019. Die AnführerInnen von Strike for Climate (einige gibt es nun doch, das erleichtert die Organisation) wollen ihre Kräfte bündeln und haben zu einem weltweiten Streik aufgerufen. Man bereitet sich vor: in Europa, Asien, Amerika, Ozeanien.

Am 15. März 2019 ist es dann so weit. Menschenmengen drängen sich auf den Straßen der ganzen Welt, von Washington bis Berlin, von Oslo bis Buenos Aires, von Genua bis Auckland, von Belfast bis Tunis, Paris, London, Reykjavik, Tokio und bis in die Antarktis. Insgesamt gehen an diesem Tag mehr als eine Million junge Menschen auf die Straße, was dieses Ereignis zum größten Umweltprotest in der Geschichte der Menschheit macht. Die Streiks laufen mittlerweile unter dem Titel »Fridays for Future« (FFF), in Anlehnung daran, dass Greta Thunberg jeden Freitag streikt und nicht zur Schule geht.
Laut der Website www.fridaysforfuture.org finden an diesem Tag rund 2200 Veranstaltungen in 125 Ländern und auf allen Kontinenten statt. Was für ein riesiger Erfolg!

Es gibt noch viel zu tun.
Die Bewegung der Schulstreiks ist zwar riesig, kraftvoll und ambitioniert, aber bisher ist noch nichts erreicht worden. Noch können sie keine wirklich konkreten Erfolge vorweisen. An den Wirtschaftssystemen, die für die Probleme hauptsächlich verantwortlich sind, wird nach wie vor festgehalten. Also setzt Greta Thunberg ihren Protest fort. Im April 2019 reist sie nach Rom, um den Papst zu treffen. Im Anschluss geht es weiter

nach Straßburg, wo sie vor der Umweltkommission des Europäischen Parlaments eine weitere beeindruckende Rede hält. Von hier aus führt sie ihre Reise nach London, wo sie VertreterInnen der Bewegung »Extinction Rebellion« trifft, die mit Mitteln des gewaltfreien, zivilen Ungehorsams für eine Verschärfung der Klimapolitik kämpfen und seit Tagen Oxford Circus, einen Platz im Herzen Londons, besetzt haben. Nachdem Greta sich mit Extinction Rebellion solidarisch erklärt hat, spricht sie vor dem Britischen Unterhaus, dem Parlament Großbritanniens.

Am 24. Mai 2019 demonstriert nach einem weiteren weltweiten Streikaufruf rund eine Million Jugendliche in 120 Ländern und in über 1600 Städten. Und allmählich fällt der Protest bei immer mehr Menschen auf fruchtbaren Boden. Jahrelang haben Wissenschaftler und Aktivisten versucht, die Öffentlichkeit für die Gefahren der Klimaerwärmung zu sensibilisieren. Jahrelang konnte man darüber verzweifeln, dass nichts passierte. Seit einiger Zeit hat sich das verändert – die Auswirkungen des Klimawandels sind mittlerweile offensichtlich: Die Polkappen schmelzen, jedes Jahr wird in eigentlich kühleren Regionen ein weiterer Hitzerekord aufgestellt, es kommt vermehrt zu Naturkatastrophen und Hungersnöten, ausgelöst durch Dürreperioden.

In den darauffolgenden Monaten werden die Streiks fortgesetzt. Tausende von Jugendlichen gehen weltweit auf die Straße und nicht in die Schule. Die andauernden friedlichen Proteste führen dazu, dass die Klimakrise große Aufmerksamkeit in den Medien erlangt. Dazu trägt auch Gretas Reise über den Atlantik bei. Am 23. September soll sie auf dem UN-Klimagipfel in New York sprechen. Aber Greta will auf keinen Fall das klimaschädliche Flugzeug nutzen. Schließlich überquert sie den Atlantik mit einer

Segeljacht, die mit Solar- und Wasserenergie angetrieben wird.
Ihre Rede vor den Vereinten Nationen wird berühmt: »How dare you!« – »Wie könnt ihr es wagen!«, wirft sie den Anwesenden zornig vor. »Die Menschen leiden, sie sterben, ganze Ökosysteme brechen zusammen. Wir befinden uns am Beginn eines Massensterbens – und alles, worüber ihr sprechen könnt, sind Geld und Märchen vom ewigen Wirtschaftswachstum!«
Die Klimabewegung dominiert die öffentliche Diskussion. Und der Protest zeigt erste Erfolge! Am 11. Dezember veröffentlicht die neugewählte Europäische Kommission ihre Pläne für ein ambitioniertes Programm zum Klimaschutz, den »European Green Deal«. Die EU soll durch große Investitionen und Umstrukturierungen bis 2050 in einen klimaneutralen Kontinent verwandelt werden. Es scheint, als würden die Erwachsenen endlich reagieren.

Anfang 2020 kommt alles anders: COVID-19, ein für viele Menschen lebensgefährliches Virus, verbreitet sich innerhalb weniger Wochen und legt die ganze Welt lahm. So etwas hat es noch nie gegeben: eine Pandemie, die alle Menschen weltweit betrifft! Millionen Menschen müssen zum Schutz vor dem Virus zu Hause bleiben, alle großen Veranstaltungen werden abgesagt, auch die FFF-Streiks – die nun online fortgesetzt werden. Von diesem Schock wird sich die Menschheit nur langsam erholen. Dabei sollte die noch viel größere Krise nicht in Vergessenheit geraten: Greta, Luisa Neubauer, Anuna De Wever und Adélaïde Charlier haben deshalb im Sommer 2020 einen offenen Brief an alle Staatsoberhäupter der EU geschrieben, den Tausende von AktivistInnen, WissenschaftlerInnen, Organisationen und Prominenten unterschrieben haben. Darin fordern sie: Behandelt die Klimakrise wie eine echte Krise!

ONE EARTH ONE CHANCE
END THE DROUGHT ON CLIMATE ACTION
THERE IS NO PLANET B
AT THIS RATE TO TANK
WHICH GREEN DO YOU SEE
I SPEAK FOR THE TREES
PLANET OVER PROFIT
NOT COOL!
I'M SORRY FOR THE INCONVENIENCE
This election, VOTE FOR CLEAN ENERGY
repowernsw.org.au
STOP
OUR
I'M WITH HER
Oceans Are Rising - So Are We
GET OFF your ARSE SCOMO
I AIN'T AT SKOOL COZ I LOVE THE WORLD MORE!
GUINNESS
STOP THE BOASTS!
STUDENTS CHANGE climate CHANGE
#STOP ADANI
listen to our warning
STOP Global warming

Australien

Am 30. November 2018 starten Harriet O'Shea Carre und ihre Freundin Milou Albrecht, beide sind damals 14 Jahre alt, einen Schulstreik in ihrer kleinen Heimatstadt nördlich von Melbourne, Australien. Zuvor haben sie zusammen einen Artikel in der Tageszeitung *The Guardian* veröffentlicht, in dem sie die extremen klimatischen Bedingungen schildern, unter denen ihre Region und ihr Land leiden. Am gleichen Tag demonstrieren Hunderte von SchülerInnen der Mittel- und Oberstufe und sogar GrundschülerInnen im ganzen Land, um gegen den geplanten Bau eines großen Kohlebergwerks zu protestieren. Sie fordern von der australischen Regierung, künftig auf erneuerbare Energien zu setzen. In Sydney unterzeichnet Jean Hinchliffe, die damals ebenfalls 14 Jahre alt ist, als Ko-Autorin den Artikel von Harriet und Milou und organisiert ihrerseits die Streikbewegung in der Millionenstadt. Der Chef der konservativen Regierung von Australien, Scott Morrison, erklärt, dass er diese Schulstreiks nicht unterstützt: »Wir wollen, dass an den Schulen mehr gelernt und weniger Aktivismus gezeigt wird.« Seine Rede wird von den SchülerInnen zu Recht als Provokation empfunden. Die Protestbewegung bremst sie nicht.

Dann passiert eine Naturkatastrophe, die den Streikenden recht zu geben scheint: Ab Juni 2019 brechen an der Ostküste gewaltige Brände aus, die sich wegen der dramatischen Trockenheit und ständiger Winde immer weiter ausbreiten. Monatelang brennt der Australische Busch in ungekannter Stärke. Bis die Buschbrände im März 2020 enden, sind eine Milliarde Säugetiere, Vögel und Reptilien in den Flammen verendet, 20 Prozent der Waldflächen des Landes den Flammen zum Opfer gefallen und 3000 Wohnhäuser verbrannt.

15. März 2019 in Sydney, Australien

Das Klima

Unser Planet erwärmt sich, und wir Menschen sind dafür verantwortlich. In diesem Punkt ist sich die überwiegende Mehrheit der Wissenschaftler einig: Die globale Erwärmung ist auf menschliche Einflüsse zurückzuführen, besonders auf unsere Nutzung fossiler Brennstoffe wie Öl, Kohle und Erdgas.

Obwohl auf dem Gebiet der erneuerbaren Energien (d.h. Sonne, Wind, Wasser, Biomasse usw.) große Fortschritte erzielt wurden, ist eine Umstellung der Energiequellen langsam und kostspielig. Für die Energieerzeugung, den Betrieb von Produktionsanlagen, den Transport und das Heizen sind wir immer noch überwiegend von fossilen Brennstoffen abhängig. Dadurch werden große Mengen an CO_2 und anderen Treibhausgasen freigesetzt, was einen Anstieg der Temperaturen bewirkt und so den Klimawandel beschleunigt.

Seit dem Beginn der industriellen Revolution im 19. Jahrhundert – als Kohle erstmals in großem Umfang als Energiequelle genutzt wurde – sind die Temperaturen im Durchschnitt um 1,2 Grad gestiegen. Im Lauf der Erdgeschichte hat sich die Erde schon mehrfach abgekühlt oder erwärmt, aber auf natürliche Weise und über Tausende von Jahren hinweg. Heute ist dieser Prozess hauptsächlich vom Menschen verursacht, und er vollzieht sich mit extrem hoher Geschwindigkeit. Die Klimaerwärmung führt zu einer

Reihe massiver Probleme, die ausnahmslos zusammenhängen, was wiederum eine Potenzierung der negativen Entwicklung hervorruft. Wenn wir vermeiden wollen, dass die Folgen unumkehrbar werden, müssen wir jetzt handeln. So schnell wie möglich.

Dürreperioden, Hitzewellen, Waldbrände, immer extremere Naturereignisse, Tausende vom Aussterben bedrohte Tier- und Pflanzenarten, verminderte Ernteerträge, steigende Meeresspiegel, Massenmigrationen, Krankheiten und die zunehmende Gefahr von Konflikten: Der Klimawandel hat nicht nur gravierende ökologische, sondern auch wirtschaftliche, soziale, gesundheitliche und geopolitische Auswirkungen. »Der Klimawandel verändert die Wetterlage, was weitreichende und tiefgreifende Auswirkungen auf Umwelt, Wirtschaft und Gesellschaft hat und somit die Lebensgrundlagen der Menschen, ihre Gesundheit, Wasser-, Nahrungsmittel- und Energieversorgung bedroht. (...) Dadurch nehmen Armut, Migration, Zwangsvertreibung und Konflikte zu«, erklären die Vereinten Nationen in ihrem jüngsten Bericht über das Klima.

Der Bericht der UN sagt auch deutlich, dass wir unsere Lebensweise grundlegend umstellen müssen. Wenn die globale Erwärmung so rasant fortschreitet wie in den letzten Jahren, dann wird es zwischen 2030 und 2052 auf der Erde durchschnittlich 1,5 Grad Celsius wärmer sein als heute. Und mit jedem weiteren Grad nehmen die Risiken und das Ausmaß der Folgen exponentiell zu. Wenn die Temperaturen auf unserem Planeten im Vergleich zum vorindustriellen Zeitalter um mehr als 2 Grad ansteigen, dann hätte das katastrophale und unumkehrbare Folgen für das Leben auf der Erde.

Wir müssen unsere Lebensweise grundlegend umstellen.

Das Pariser Abkommen, das 2015 im Rahmen der UN-Klimakonferenz unterzeichnet wurde, hat große Hoffnungen geweckt. Zum ersten Mal haben sich alle unabhängigen Staaten der Welt dazu verpflichtet, gemeinsam und koordiniert zu handeln, um die negativen Entwicklungen auf der Erde zu begrenzen. Aber während die Länder auf dem Papier alle als engagierte Kämpfer für das Klima aufgetreten sind, haben in Wirklichkeit bisher nur sehr wenige dieser Länder etwas unternommen, um das Abkommen einzuhalten. Lediglich Algerien, Kanada, Costa Rica, Guatemala, Indonesien, Japan, Mazedonien, Malaysia, Montenegro, Norwegen, Papua-Neuguinea, Peru, Samoa, Singapur und das Königreich Tonga haben die Verpflichtungen aus dem Abkommen auch umgesetzt. Die Großmächte, die tatsächlich einen Unterschied machen könnten, tun dies leider nicht alle. Die USA, die zusammen mit China der größte CO_2-Verursacher sind, haben unter Präsident Donald Trump im Juni 2017 ihren Ausstieg aus dem Pariser Klimaabkommen erklärt. Zugleich investieren die USA stark in die Ausbeutung fossiler Energien. Auch Brasilien unter Präsident Jair Bolsonaro droht immer wieder mit dem Austritt aus dem Abkommen.

Angesichts der Untätigkeit, der Zurückhaltung und der Ausflüchte der Politiker haben sich die Jugendlichen zu einer globalen Protestbewegung formiert. Für sie steht fest, dass das wirtschaftliche, politische und soziale System und die Art und Weise, wie wir Energie erzeugen, von Grund auf überdacht werden müssen.

DIE KERNPUNKTE DES PARISER ABKOMMENS:

Die Treibhausgasemissionen müssen in den nächsten Jahren so reduziert werden, dass die Durchschnittstemperatur im Vergleich zur vorindustriellen Zeit nicht um mehr als maximal 2 Grad steigt.

Da es sich um ein globales Problem handelt, legt das Abkommen fest, dass die Industrieländer mit den Entwicklungsländern zusammenarbeiten müssen, um dieses gemeinsame Ziel zu erreichen.

Die Staaten verpflichten sich, die Folgeschäden der Klimaerwärmung soweit wie möglich zu verhindern und zu begrenzen, und zwar mithilfe von Frühwarnsystemen, Notfallplänen und Versicherungen.

Die Industriestaaten sollen weiter daran arbeiten, ihre Treibhausgasemissionen zu reduzieren.

Die Unterzeichner verpflichten sich dazu, ihr Land und die Bevölkerung auf die Folgen des Klimawandels vorzubereiten und den Entwicklungsländern ihre Hilfe anzubieten.

Das Abkommen unterstreicht die Bedeutung der großen Städte und der Zivilgesellschaft im Kampf gegen die Klimaerwärmung.

Die Regierungen der Unterzeichner sollen sich alle fünf Jahre treffen, um die anderen Länder über ihre Fortschritte zu informieren und sich gemeinsam noch ambitioniertere Ziele zu setzen.

DER KLIMASTREIK IN ZAHLEN:

In der Woche vom 15. März 2019 haben mindestens **1,6 Millionen Menschen auf sieben Kontinenten,** in über 125 Ländern und an 2000 Orten gestreikt.

*Klima-
bewegung*

ANUNA DE WEVER UND KYRA GANTOIS

WIE ALLES BEGINNT

Als Heranwachsende bemühen sich Anuna und Kyra, die aus Mortsel, einem Vorort von Antwerpen stammen, die Menschen in ihrer Umgebung für den Umweltschutz zu sensibilisieren. Sie informieren sich umfassend über das Thema, lesen viel, sehen sich Dokumentarfilme an und ihnen wird klar: Die Lage auf unserem Planeten ist alarmierend. Es muss etwas geschehen.

Nachdem auf der Klimakonferenz in Kattowitz im Dezember 2018 keine konkreten Maßnahmen beschlossen werden, entscheiden die beiden, dass es höchste Zeit ist. Auf der Konferenz haben sie ein junges Mädchen gehört, dessen Rede sie beeindruckt und begeistert hat. Das Mädchen heißt Greta Thunberg, und die beiden Freundinnen nehmen Kontakt zu ihr auf. Nach einem längeren Gespräch via Skype ist ihre Entscheidung gefallen.

Im Januar 2019 drehen Anuna De Wever und Kyra Gantois ein Video, in dem sie ihrerseits zu einem Schulstreik aufrufen. Sie veröffentlichen es auf Facebook und Instagram und warten ab. Sie glauben nicht wirklich daran, auf diese Weise Menschen für ihr Anliegen gewinnen zu können. Aber die Reaktionen lassen nicht lange auf sich warten: Das Video wird erst von Hunderten, dann von Tausenden gesehen und geteilt. Sie erhalten unzählige Nachrichten, die ihnen zeigen, dass sie mit ihrer Sorge um die Erde nicht allein sind.

Trotz dieses ersten Erfolgs sind Anuna und Kyra überwältigt, als sie die riesige Menschenmenge sehen, die sich am 10. Januar 2019 in Brüssel versammelt: An diesem Tag sind es 3000 StudentInnen, SchülerInnen und andere junge Menschen. Und das ist erst der Anfang, denn sieben Tage später gehen in der belgischen Hauptstadt 13.000

»Wir haben höflich gebeten, aber damit ist jetzt Schluss.«

junge Menschen auf die Straße. Von da an wird dort jeden Donnerstag gestreikt. Und jede Woche werden die Kundgebungen größer, die Bewegung verbreitet sich in ganz Belgien.

70.000 Menschen am 27. Januar, weitere 50.000 am 15. März, dem Welt-Klimastreik-Tag, in Brüssel, Antwerpen, Lüttich, Löwen, Charleroi und in weiteren 33 Städten. Die Schulstreikbewegung hat sich in Belgien etabliert, das Land wird in Europa zu einem der Vorreiter der Klimabewegung. In den Medien wird hitzig über das Thema debattiert, und die beiden Mädchen stehen im Licht der Öffentlichkeit. Mit der Unterstützung von Hunderten von AktivistInnen und Jugendlichen haben sie etwas Großes initiiert. Zu ihnen gehört auch Adélaïde Charlier, die die Koordinierung der Proteste im französischsprachigen Teil Belgiens übernimmt. »Wir haben höflich gebeten, aber damit ist jetzt Schluss«, erklären Anuna und Kyra im Mai 2019.

Anuna mit Raoni Metuktire (ganz rechts), Häuptling des Kayapo-Volkes aus Brasilien. Brüssel, 17. Mai 2019.

Vorname: **Anuna**

Nachname: **De Wever**

Geboren: **2001**

Land: **Belgien**

Vorname: **Kyra**

Nachname: **Gantois**

Geboren: **1999**

Land: **Belgien**

Klima-bewegung

PORTRÄT

Anuna De Wever ist eine selbstbewusste junge Frau, die weiß, was sie will. Sie spricht beeindruckend klar und differenziert und sagt, dass sie später »Generalsekretärin der UN« werden will. Warum sollte man auch keine Ambitionen haben? Kyra Gantois möchte sich als Juristin auf Menschenrechte spezialisieren. Beiden ist bewusst – so wie auch den anderen AktivistInnen der Strike-for-Climate-Bewegung –, dass ihre Generation eine entscheidende Rolle spielt und man nicht geduldig abwarten sollte, bis die derzeit amtierenden Politiker und Politikerinnen die Dinge in die Hand nehmen. Denn sie werden es nicht tun.
Die beiden jungen Frauen haben sich umfangreich informiert. Sie studieren die Expertenberichte des Weltklimarats IPCC und zahlreiche andere Berichte von Klimaforschern. Ihre Darstellung der Lage ist klar, ausführlich und ausgewogen. Dabei strahlen Anuna De Wever und Kyra Gantois ein Selbstvertrauen und eine visionäre Haltung aus, die ihren Gesprächspartnern imponiert.

Anuna De Wever

Instagram: **anuna_dewever**

Twitter: **@AnunaDe**

Anuna De Wever und Kyra Gantois strahlen ein Selbstvertrauen und eine visionäre Haltung aus, die ihren Gesprächspartnern imponiert.

Ende Januar 2019 ruft Anuna De Wever zusammen mit der flämischen Regierung eine Arbeitsgruppe ins Leben, die Maßnahmen zur Bekämpfung der Klimaerwärmung erarbeiten soll. Zur selben Zeit gründen Kyra und Anuna die Bewegung »Youth for Climate«. Im März 2019 veröffentlichen die beiden ein Buch: *Wir sind das Klima. Ein Brief an die Welt.* Darin erläutern sie ihre globale Vision und ihre kritische Sicht auf das aktuelle System.

Anuna De Wever lehnt es ab, sich auf ein bestimmtes Geschlecht festlegen zu lassen. Sie ist weder Mädchen, noch Junge, sondern schlicht: eine Person. Damit vertritt sie ein weiteres Anliegen von vielen Jugendlichen: die grundlegende Infragestellung der klassischen Geschlechterzuordnung und das Engagement für andere, gemischte Identitäten, die es neu zu definieren gilt (lies nach bei Jazz Jennings, S. 112 ff.). Anuna möchte sich definieren durch das, was sie ist, und nicht durch das, was andere in ihr sehen.

Nach persönlichen Differenzen gehen sie und Kyra seit Ende 2019 getrennte Wege. Anuna engagiert sich weiterhin an vorderster Front, unter anderem bei einem Besuch bei der deutschen Bundeskanzlerin zusammen mit Greta Thunberg, Luisa Neubauer und Adélaïde Charlier. Kyra möchte erst einmal ihr Jurastudium beenden.

Klima-
bewegung

XIUHTEZCATL MARTINEZ

WIE ALLES BEGINNT

Als Xiuhtezcatl Martinez seine erste Rede vor einem größeren Publikum hält, ist er gerade mal sechs Jahre alt. Damit beginnt sein Leben als Umweltaktivist. Xiuhtezcatl ist ein amerikanischer Ureinwohner. Seine Sicht auf die Welt verdankt er seinem Vater, Siri Martinez: Dieser hat ihn in die Tradition der Mexica eingeweiht, eines der Ureinwohnervölker Mexikos. Sie ist von einem tiefen Respekt für die Natur geprägt, die den Mexica als heilig gilt. Die Vermittlung dieser Werte hat Xiuhtezcatl eine extreme Erdverbundenheit und visionäre Haltung verliehen. »Ich bin heute so, wie ich bin, weil mein Vater mich in der aztekischen Tradition der Mexica erzogen hat.«

Xiuhtezcatl spricht schnell. Seine Gedanken überschlagen sich, scheinen genauso schnell zu fließen wie seine Worte. Sein Redestrom ist der eines Jugendlichen, der die Dinge klar sieht und analysiert, eines Poetry-Slammers und Hip-Hop-Musikers – denn all das ist Xiuhtezcatl. Er singt, rappt, mischt und komponiert Songs und Musik und dreht engagierte Videoclips, in denen er die Probleme dieses Planeten benennt. Seine Worte treffen ins Mark.

Da er sich schon seit seiner Kindheit für den Umweltschutz einsetzt, ist Xiuhtezcatl Martinez trotz seiner Jugend bereits eine der führenden Persönlichkeiten unter den jungen AktivistInnen in der weltweiten Klimabewegung. Mit seinem markanten Aussehen und seiner außergewöhnlichen Ausstrahlung übt er große Anziehungskraft auf andere Jugendliche aus und hat viele Fans.
Xiuhtezcatl lebt mit seinen Eltern und Geschwistern in Boulder, Colorado. Für seinen

jüngeren Bruder Itzcuauhtli, der sich auch für den Umweltschutz einsetzt, ist er ein großes Vorbild: »Seine Taten haben mich angespornt«, sagt Itzcuauhtli. »Dank seines Beispiels bin ich zu dem geworden, der ich heute bin.«

Xiuhtezcatl engagiert sich u. a. bei den »Earth Guardians«, den Hütern der Erde, einer internationalen Umweltschutzorganisation, die seine Mutter gegründet hat und bis heute leitet. Ziel dieser Organisation ist es, Jugendliche auszubilden und zu unterstützen, damit sie in Zukunft die Bewegung für den Schutz der Umwelt und für soziale Gerechtigkeit anführen können. Dabei werden die Jugendlichen in Kunst, Musik, Storytelling und sozialem Engagement geschult, lernen aber auch juristische Mittel kennen. All das sollen sie dann zur Lösung der großen gesellschaftlichen Fragen einsetzen, mit denen wir heute konfrontiert sind. »Es geht darum, unser Bewusstsein zu verändern«, erklärt Xiuhtezcatl. »Denn nicht der Planet muss gerettet werden, sondern wir selbst.«

WIE ES WEITERGEHT

Den vorläufigen Höhepunkt erreicht Xiuhtezcatls Engagement 2015, als er zusammen mit 21 weiteren Jugendlichen eine Klage gegen die US-Regierung einreicht: Weil sie nichts gegen die Klimaerwärmung unternimmt und bei der Energieversorgung des Landes wider besseres Wissen weiterhin auf fossile Energien setzt. So beginnt die Gerichtsverhandlung »Juliana gegen die Vereinigten Staaten von Amerika«, die eine Reihe von Justizverfahren gegen diverse US-Bundesstaaten nach sich zieht und verschiedene Organisationen und Einzelpersonen in anderen Ländern zu Klimaklagen inspiriert – so wie in den Niederlanden, in Kanada und in Deutschland.

Hier haben im Februar 2020 neun junge Kläger zwischen 15 und 32 Jahren eine Klage gegen die Bundesregierung eingereicht. Sie wollen beim Bundesverfassungsgericht prüfen lassen, ob die deutsche Regierung mit ihrem Klimaschutzgesetz die Klimakrise hinreichend bekämpft. Die Kläger behaupten, dass die Regierung ihre Grundrechte verletzt, besonders ihr Recht auf eine menschenwürdige Zukunft.

Die Regierungen unter Barack Obama und Donald Trump haben vergeblich versucht, die Klage von Xiuhtezcatl und seinen MitstreiterInnen zu stoppen. Der Oberste Gerichtshof hatte der Klage zunächst stattgegeben, um dann doch noch einen Rückzieher zu machen, als ein von Trump nominierter Richter einen der Sitze übernahm. Im Januar 2020 hat ein Gericht in Kalifornien die Klage schließlich abgewiesen. Die Richter haben ihr Urteil damit begründet, dass diese Klage eher an die politischen Entscheidungsträger gerichtet sein sollte als an ein Gericht. Lediglich die Richterin Josephine Laura Staton hat sich gegen das Urteil gestellt. Xiuhtezcatl Martinez ist auch einer der sieben Kläger gegen den Energiekonzern *Colorado Oil and Gas* aus Colorado. In diesem Verfahren ist bisher noch keine Entscheidung gefallen.

»Später wird man auf unsere Generation blicken als die, die eine der größten Herausforderungen bewältigt hat, mit denen die Menschheit je konfrontiert war.«

Xiuhtezcatl hat die seltene Fähigkeit, die Welt als Ganzes zu erfassen, die Zusammenhänge zwischen den Naturelementen, die Verbindungen zwischen Handlungen und deren Folgen zu erkennen. Er sieht auch, dass Querverbindungen nötig sind: »Wir brauchen AktivistInnen, TheoretikerInnen, KünstlerInnen; wir brauchen DichterInnen und UnternehmerInnen. Die Menschen müssen verstehen, dass Teil dieser Bewegung zu sein mehr bedeutet, als nur mit einem Schild auf einer Demonstration zu stehen. Es gibt so viele verschiedene Möglichkeiten, die Dinge zu verändern und aktiv zu werden.«

»Später wird man auf unsere Generation blicken als die, die eine der größten Herausforderungen bewältigt hat, mit denen die Menschheit je konfrontiert war.«

Xiuhtezcatl ist dauernd in Bewegung, er hat es eilig, ist ein Jugendlicher wie alle anderen: Er möchte mit seinen Freunden zusammen sein, er liebt Hip Hop und hat beachtliches Talent dafür (auf YouTube kann man mehrere seiner Clips sehen: *Tlahuiliz, Eyes On Me* oder *Indigenous Roots*, das er mit seinem jüngeren Bruder eingespielt hat).

»Wir Jugendlichen haben eine Chance«, sagt er, »die Welt wird uns zuhören, denn wir wirken unschuldig und verwundbar.« Xiuhtezcatl ist beides zugleich: Weiser und Vertreter seiner Generation. Er hat einen großen Teil seiner Kindheit und Jugend dem Umweltschutz gewidmet. Der Kampf ist zeitraubend, aber er beklagt sich nicht darüber:

Vorname: **Xiuhtezcatl**

Nachname: **Martinez**

Geboren: **2000**

Land: **USA**

Instagram: **xiuhtezcatl**

Twitter: **@xiuhtezcatl**

YouTube: **Xiuhtezcatl**

Klima-bewegung

PORTRÄT

Als am 29. Juni 2015 ein langhaariger 15-jähriger Junge an das Rednerpult der Vereinten Nationen in New York tritt, haben die Männer und Frauen im Saal bereits einen langen Sitzungstag hinter sich. Viele blicken gelangweilt auf ihre Handys, manche gähnen. Der Junge beginnt zu sprechen: Es ist ein Gebet auf Nahuatl, der Sprache seiner aztekischen Vorfahren. Keiner versteht ihn – auch die vielen Dolmetscher in ihren Kabinen nicht. Dann wechselt Xiuhtezcatl Martinez ins Englische, und spätestens da ist ihm die Aufmerksamkeit seiner ZuhörerInnen sicher.

»Wir müssen uns wieder mit der Erde verbinden«, sagt Xiuhtezcatl, dessen Namen man »Schu-Tes-Kat« ausspricht. »Wir dürfen nicht länger glauben, dass wir uns nehmen können, was wir wollen, ohne jemals etwas zurückzugeben. Ich stehe vor Ihnen als Vertreter meiner Generation. Überall auf der Erde engagieren sich Jugendliche, um Lösungen zu finden. Wir füllen die Straßen und jetzt auch die Gerichte. Wir brauchen Sie, um zu handeln. Wir sind alle Bewohner dieser Erde.« Am Ende seiner Rede erhält er tosenden Applaus.

Xiuhtezcatl, der sich oft kurz »X« nennt, ist ein Aktivist und ein Künstler. Er weiß, wie man eine Botschaft gekonnt inszeniert, damit sie wirkt. Dazu setzt er die sozialen Medien ein und knüpft Kontakte zu Prominenten wie Leonardo di Caprio oder Robert Redford, die ihn bei seinem Engagement unterstützen. Aber er agiert auch über die Grenzen der USA hinaus. In Deutschland hat er im Herbst 2017 zum Beispiel die Baumschützer und AktivistInnen im Hambacher Forst besucht.

Künstlerisch ist Xiuhtezcatl ebenfalls sehr aktiv: In den letzten Jahren hat er zwei Bücher geschrieben. Er produziert Videoclips, studiert komplexe Hip-Hop-Choreografien ein und tritt mit bekannten Künstlern wie Bassnectar, Nakho Bear, Shaliene Woodley und Willow Smith auf.

Auf seinem neusten Album *Voice Runners* von 2020 singt er zusammen mit Voice Runners und dem kalifornischen Rapper Tru. Xiuhtezcatl setzt auf die Wirkung von Kunst, um die Herzen zu bewegen, damit die Menschen ihre Verbindung zur Erde wiederfinden und verstehen, wie dringend sie unseren Schutz benötigt.

»Wir müssen uns wieder mit der Erde verbinden. Wir dürfen nicht länger glauben, dass wir uns nehmen können, was wir wollen, ohne jemals etwas zurückzugeben. Wir sind alle Bewohner dieser Erde.«

Das Colorado National Monument im Bundesstaat Colorado, USA, ist ein beeindruckendes Hochplateau aus rotem Sandstein. Seit 1911 ist das Gebiet als Naturpark und Naturdenkmal geschützt.

BOYAN SLAT

WIE ALLES BEGINNT

Griechenland, im Sommer 2011. Eine sanfte Brise kräuselt die Wellen, das Mittelmeer lockt in strahlendem Blau. Endlich Ferien! Boyan Slat, ein 16-jähriger Schüler aus den Niederlanden, freut sich auf seine erste Schnorcheltour. Er setzt seine Tauchermaske auf und stürzt sich ins warme Wasser. Er hat mit einem bunten Treiben wimmelnder Fischschwärme gerechnet, stattdessen sieht er am Meeresgrund vor allem eines: Berge von Plastiktüten! Boyan ist geschockt. In den nächsten Wochen und Monaten hat er nur noch einen Gedanken: »Warum unternimmt keiner etwas, um diesen ganzen Müll aus dem Meer zu holen?«

Die Plastikverschmutzung ist eines der größten Probleme unserer Ozeane. Jedes Jahr landen im Durchschnitt 8 Millionen Tonnen Plastikmüll in den Weltmeeren. Wissenschaftler haben herausgefunden, dass sich – bedingt durch Meeresströmungen – ein Großteil davon in fünf Gebieten im Nord- und Südpazifik, im Nord- und Südatlantik sowie im Indischen Ozean sammelt. Das größte dieser Gebiete, wird oft als siebter oder achter Kontinent (je nach Zählweise der Kontinente auf der Welt) bezeichnet. Wobei es sich dabei nicht – wie man glauben könnte – um eine feste Insel aus Abfall handelt, sondern eher um einen »Müllstrudel«, eine Art Wasserwirbel aus verschiedenen Meeresströmungen, der den Plastikmüll zwischen Hawaii und Kalifornien zusammentreibt. Es wird geschätzt, dass dieser Müllstrudel etwa 100 Millionen Tonnen Kunststoffabfall umfasst. Wenn die Plastikteile erst mal in diesen Wasserwirbel hineingesogen wurden, können sie dort über viele Jahre gefangen bleiben.

Als Boyan von seinem Mittelmeerurlaub nach Hause zurückkehrt, treibt ihn die Frage der Meeresverschmutzung noch immer um. Warum hat bisher noch niemand versucht, die Meeresgewässer zu säubern? Natürlich, das ist ein gigantisches Unterfangen, aber warum sollte man es nicht zumindest probieren? Boyan ist ein großer Technikfan, er hat schon immer gern an Sachen herumgetüftelt und Probleme kreativ gelöst. Die unglaubliche Herausforderung, etwas gegen die Plastikverschmutzung der Ozeane zu unternehmen, spornt ihn an: Boyan will eine Lösung finden, auf die bisher noch keiner gekommen ist.

Seine ersten Recherchen unternimmt er im Rahmen eines freien Arbeitsprojekts an der Schule. Einige Monate und viele Überlegungen später kommt Boyan jene zündende Idee, um die sich anschließend seine ganze Arbeit drehen wird: Warum nicht die natürlichen Meeresströmungen nutzen, um den treibenden Plastikmüll einzusammeln und zu »ernten«?!

Jedes Jahr landen im Durchschnitt 8 Millionen Tonnen Plastikmüll in den Weltmeeren.

Diese gigantische, fast 600 Meter lange schwimmende Auffangvorrichtung im Pazifischen Ozean dient dazu, die größeren Plastikteile aus dem Wasser zu fischen.

»Die Meeresströmungen sind nicht das Problem. Sie sind die Lösung.«

Im Oktober 2012 präsentiert Boyan seine Idee in einem TED-Talk: Er will den größten Müllstrudel der Welt säubern, den Great Pacific Garbage Patch, kurz GPGP genannt (auf Deutsch: Großer Pazifischer Müllteppich).

»Die Meeresströmungen, die den Müllstrudel umgeben, sind nicht das Problem. Sie sind die Lösung.« Nie zuvor hat jemand einen solchen Vorschlag gemacht. Bisher konzentrierten sich alle Lösungsansätze darauf, zu verhindern, dass sich das Problem noch mehr verschärft. Den Ozean vom Plastikmüll zu säubern, hielt man für unmöglich. Doch für Bojan ist gerade das die zentrale Motivation: »Wenn jemand behauptet, dass etwas unmöglich ist, dann sollte die Radikalität dieser schlichten Behauptung einen umso mehr dazu anspornen, weiterzuforschen.«

Sein Projekt ist zunächst wenig erfolgreich. Aber Boyan lässt sich nicht beirren und gründet im Alter von 18 Jahren die Organisation »The Ocean Cleanup«. Wenige Monate später nimmt das Projekt Fahrt auf: Im März 2013 geht das TED-Video viral. Innerhalb weniger Tage kann Boyans Organisation ein Team von Mitarbeitern einstellen und durch eine Crowdfunding-Kampagne eine erste große Geldsumme mobilisieren.

Im Lauf der nächsten Jahre entwickelt sich das kleine Start-up zu einem Projekt von enormer unternehmerischer, wissenschaftlicher und technischer Größe. Unterstützt durch ein ständig wachsendes Team organisiert Boyan Slat große Expeditionen, um das wahre Ausmaß des Problems zu erforschen, und so die am besten geeignete Lösung zu entwickeln.

Das Verfahren zur Säuberung der Weltmeere ist alles andere als einfach: Nach sechs Jahren und zahlreichen Prototypen (273!) gelingt es Boyan und seinem Team schließlich, System 001 zu bauen – das erste Ozeanreinigungssystem der Welt. Die fast 600 Meter lange Auffangvorrichtung besteht aus schwimmenden Schläuchen, die große Plastikstücke sowie Mikroplastik einfangen sollen.
Obwohl sich die Entwürfe im Laufe der Jahre stark verändert haben und The Ocean Cleanup viele Rückschläge hinnehmen musste, ist die Grundidee immer die Gleiche geblieben: nicht auf die Suche nach dem Plastik zu gehen, sondern das Plastik mithilfe der Meeresströmungen zu sich kommen zu lassen.

Boyan Slat leitet heute ein Team von über 80 Mitarbeitern. Derzeit tüfteln sie an einer neuen Version seiner Auffangvorrichtung, die noch besser funktionieren soll. System 002 soll 2021 einsatzbereit sein. »Mit einer Flotte von 50 Exemplaren dieser Auffangvorrichtung sollten wir in der Lage sein, 50 Prozent des Müllstrudels zwischen Hawaii und Kalifornien in nur fünf Jahren zu reinigen«, sagt Boyan. »Ich hoffe wirklich, dass The Ocean Cleanup zu einem Symbol dafür wird, wie wir Technologie im Einklang mit der Natur einsetzen können, um die großen Herausforderungen unserer Zeit zu meistern.«

Langfristiges Ziel von The Ocean Cleanup ist es, 90 Prozent des Plastiks aus den Meeren herauszufiltern. Boyans Team arbeitet aber nicht nur daran, wie man die Meere vom Plastik befreien kann, sondern auch, wie man das Plastik abtransportieren und anschließend recyceln kann. Die Herausforderungen und Schwierigkeiten sind enorm. Es gibt zahlreiche Kritiker des Projekts, die die Idee für zu ambitioniert und für nicht umsetzbar halten. Denn nur ein Bruchteil des Plastiks, das unsere Meer belastet, schwimmt an der Oberfläche und kann abgefischt werden. Eine riesige Menge Plastikteile lagert am Meeresgrund. Viele Kritiker befürchten zudem, dass die Auffangvorrichtung nicht nur den Müll abfischen wird, sondern auch unzählige Meereslebewesen. Dabei gilt ihre Sorge vor allem dem Neuston. So nennt man die Gesamtheit aller Organismen, die in einer dünnen Schicht direkt an der Wasseroberfläche und darunter leben und höchstwahrscheinlich eine wichtige Rolle für das Ökosystem spielen. Auch andere Faktoren werden kritisiert, z. B. ist der Müll, der jahrelang im Wasser getrieben hat, meist stark verschmutzt und nur sehr schwer zu recyceln. Aber davon lassen sich Boyan und sein Team nicht beirren ... Wo ein Problem ist, ist auch eine Lösung!

Und sie haben ihre Zielsetzungen erweitert, um das Plastikproblem anzugehen, bevor es die Ozeane erreicht: Denn das meiste Plastik wird ja durch die Flüsse ins Meer gespült. Boyans Team hat groß angelegte Untersuchungen durchgeführt und ermittelt, dass rund 1000 Flüsse weltweit zu den größten Meeresverschmutzern gehören! Deshalb entwickeln sie parallel zum Ozeanreinigungssystem auch schwimmende Flussreinigungssysteme, die sie »Interceptoren« nennen. Mehrere von ihnen befinden sich bereits im Einsatz, in Vietnam, Los Angeles und Santo Domingo.

Am wichtigsten ist es natürlich – darin sind sich alle, Befürworter und Kritiker, einig –, Plastikabfall zu vermeiden und das Plastik erst gar nicht in die Umwelt gelangen zu lassen!

Vorname: **Boyan**

Nachname: **Slat**

Geboren: **1994**

Land: **Niederlande**

Instagram: **boyanslat**

Twitter: **@BoyanSlat**

YouTube: **The Ocean Cleanup**

Website:
theoceancleanup.com

Kampf gegen Umwelt-verschmutzung

PORTRÄT

Boyan Slat strahlt Ruhe und Selbstbewusstsein aus. Er weiß, wo er hinwill, seine Sicht auf die Dinge ist überlegt, seine Ziele ambitioniert. Unsicherheit oder Zweifel angesichts der gigantischen Herausforderung scheinen ihm fremd zu sein, und das ist zweifellos eine Eigenschaft, die echte Entdecker und Erfinder auszeichnet. Entschlossen hat Boyan sein Studium der Luft- und Raumfahrttechnik aufgegeben, um sich voll und ganz auf sein Projekt zu konzentrieren. Mit nur 26 Jahren leitet er The Ocean Cleanup und führt ein 80-köpfiges Team. Daneben findet er immer noch Zeit, sich der Forschung zu widmen, als Co-Autor von wissenschaftlichen Artikeln und Urheber zahlreicher Patente.

Boyan Slat ist davon überzeugt, dass die Technik, die ja in gewisser Weise zu diesem massiven Umweltproblem beigetragen hat, auch dessen Lösung sein kann. »Ich hoffe, dass The Ocean Cleanup in diesem Jahrhundert ein Symbol dafür sein wird, wie wir Technik im Einklang mit der Natur einsetzen können, um der Umweltverschmutzung entgegenzuwirken.«

Das ehrgeizige Projekt von Boyan Slat wurde bereits mit zahlreichen Preisen und Ehrungen ausgezeichnet: Das Umweltprogramm der Vereinten Nationen ernannte ihn 2014 zum »Champion der Erde« und unterstrich seinen »scharfen Verstand und seine Furchtlosigkeit, die das Markenzeichen von Visionären sind«. Die von The Ocean Cleanup entwickelte Auffangvorrichtung wurde vom *Time Magazine* zu einer der besten Erfindungen des Jahres 2015 gewählt. Im Jahr 2018 wurde Boyan von *Euronews* zum »Europäischen Unternehmer des Jahres« gekürt. Die Zeitschrift *Wired* nennt ihn »einen der 25 Menschen, die die nächsten 25 Jahre prägen werden«. Man feiert ihn als »Retter der Ozeane«.

Wie Greta Thunberg, Xiuhtezcatl Martinez und andere Aktivisten seiner Generation hat Boyan Slat begriffen, dass man die Probleme unserer Zeit global angehen muss. Wenn man im Kontext von Landmasse, Meeren und Atmosphäre denkt, machen Grenzen keinen Sinn. Das betrifft auch die Artenvielfalt unseres Planeten. Um global zu denken, braucht man Ambitionen und Wagemut. Boyan Slat besitzt beides.

»Ich hoffe, dass The Ocean Cleanup zu einem Symbol dafür wird, wie wir Technik im Einklang mit der Natur einsetzen können, um der Umweltverschmutzung entgegenzuwirken.«

DAS ZIEL

Saubere Meere

Man schätzt, dass heute 150 Millionen Tonnen Plastikmüll unsere Meere verschmutzen, wobei sich das meiste davon im Nordpazifikwirbel zwischen Hawaii und Kalifornien konzentriert. Man kann dort alles Mögliche aus dem Wasser fischen: Zahnbürsten, Schuhe, Spielzeugreste, Plastikflaschen, riesige Fischernetze.

Zum Glück bestehen laut Studien von The Ocean Cleanup 92 Prozent dieses Plastikmülls aus großen Teilen, die sich noch aus dem Wasser herausfiltern lassen. Wenn allerdings nichts getan wird, um das Plastik aus unseren Ozeanen zu entfernen, wird das – und leider spüren wir die Auswirkungen bereits jetzt – schlimme Folgen für unsere Ökosysteme, unsere Wirtschaft und unsere Gesundheit haben. Durch die Sonneneinwirkung und die Kraft der Wellen zerfallen die großen Plastikteile in Tausende immer kleinerer Stücke, die man Mikroplastik nennt. Diese nur noch wenige Millimeter großen Teilchen sind nicht nur sehr viel schwerer aus dem Wasser zu filtern, sondern werden auch von Meerestieren gefressen oder versehentlich verschluckt und belasten so die gesamte Nahrungskette, zu der auch wir Menschen gehören.

Jedes Jahr
landen mehrere
Millionen Tonnen
Plastik in
unseren Ozeanen.

Experten sagen voraus,
dass es 2050
mehr Plastik als
Fische in
unseren Meeren
geben könnte.

ZAHLEN VON THE OCEAN CLEANUP

150 Millionen Tonnen
Plastikmüll
verschmutzen die
Meere.

Die Plastikverschmutzung
der Ozeane ist eines der
größten Umweltprobleme
unserer Zeit. Rund 800 Arten
von Meereslebewesen
sind dadurch bedroht.

Die Vereinten Nationen schätzen
die Folgekosten
der Plastikverschmutzung
auf mindestens
13 Milliarden
Dollar jährlich.

(In Bezug auf die Folgen für Meereslebewesen, Tourismus, Fischerei und Handel.)

DER GROSSE PAZIFISCHE MÜLLTEPPICH, AUCH GPGP (GREAT PACIFIC GARBAGE PATCH) GENANNT, IN ZAHLEN (NACH ANGABEN VON THE OCEAN CLEANUP):

Fläche:

1,6 Millionen km², 4,5-mal

so groß wie Deutschland.

Gewicht:

80.000 Tonnen,

so viel wie **500 Flugzeuge.**

Es wird geschätzt, dass der GPGP **1,8 Trillionen** einzelne Plastikstücke enthält, **das sind 250 Stück** pro Erdbewohner.

Der Müllstrudel besteht hauptsächlich aus **Polyethylen- und Styroporstücken.**

HIS IS LIVIN

Melbourne, Australien, während der Ocean Days 2018, Aktionstagen zum Schutz der Meere. Diese Plastikwelle besteht aus 1500 Kilo Plastikabfällen, die aus den Gewässern und an Stränden geborgen wurden. So viel Müll wird täglich an australischen Stränden angeschwemmt!

Kampf gegen Umweltverschmutzung

Melati und Isabel Wijsen

WIE ALLES BEGINNT

Wir befinden uns im Jahre 2013 auf Bali, einer indonesischen Insel, die für die Schönheit ihrer Landschaften und die Pracht ihrer Tempel berühmt ist. Vom Fenster des Schulgebäudes aus Bambus blickt man auf die Reisfelder von Ubud, einem bedeutenden kulturellen Zentrum der Insel. Die Green School Bali ist eine Schule, die sich von den anderen durch ihr ausgeprägtes Umweltbewusstsein unterscheidet. Hier wird nicht nur klassischer Schulstoff vermittelt: Die Schüler und Schülerinnen lernen auch, sich für soziale und ökologische Projekte zu engagieren. Isabel und Melati Wijsen, zehn und zwölf Jahre alt, lauschen ihrem Lehrer, der ihnen vom Leben und Wirken zweier beeindruckender Persönlichkeiten erzählt: Nelson Mandela und Mahatma Gandhi.

Diese Schulstunde ist ein Schlüsselerlebnis für die beiden Schwestern. Sie beschließen, dass auch sie etwas Sinnvolles tun wollen. Also machen sie sich auf die Suche nach einem Projekt, bei dem sie sich engagieren können. »Warum sollten wir warten, bis wir erwachsen sind? Wir wollten sofort aktiv werden«, erzählen die beiden später in einem TED-Video, das bis heute über 1,6 Millionen Mal angeklickt wurde.

Melati und Isabel informieren sich darüber, mit welchen Problemen Bali ganz besonders zu kämpfen hat. Sie müssen nicht lange suchen, denn eines begegnet ihnen auf Schritt und Tritt: Die Insel versinkt im Plastikmüll! In Indonesien existiert nur eine rudimentäre Müllentsorgung und das Bewusstsein für Recycling ist in der Bevölkerung sehr gering. Ein Großteil der Abfälle gelangt nie auf eine Mülldeponie. Auf Bali wird beispielsweise nur die Hälfte des Mülls auf Deponien entsorgt; der Rest wird verbrannt oder landet auf Feldern, in Flüssen oder im Meer. Den Schwestern ist bewusst, dass sie vor einer großen Herausforderung stehen, doch das schreckt sie nicht ab. »Was können wir tun, um das Problem mit dem vielen Plastikmüll zu lösen?« Am Dringlichsten, da sind die beiden sich einig, ist eine Reduzierung oder Abschaffung der Plastiktüten.

Im Oktober 2013 starten Melati und Isabel die Kampagne, aus der später ihre NGO hervorgehen wird. Unter NGOs, den sogenannten »Non governmental organisations«, versteht man unabhängige, nichtstaatliche Organisationen, die keine Gewinnziele verfolgen. Die NGO »Bye Bye Plastic Bags« der beiden Schwestern hat sich zum Ziel gesetzt, die Einweg-Plastiktüten auf ganz Bali abzuschaffen. Sie lancieren eine Petition auf der Plattform Avaaz, um der Regierung zu zeigen, dass ihr Projekt ernst gemeint ist. Innerhalb weniger Wochen sammeln Melati und Isabel 87.000 Unterschriften! Trotzdem geschieht nichts. Die Schwestern wollen ein Treffen mit dem Gouverneur von Bali erwirken, damit dieser Maßnahmen gegen die Plastiktüten ergreift, doch der Gouverneur schenkt ihnen zunächst keine Beachtung. Inspiriert durch die Aktionen von Mahatma Gandhi treten die beiden Mädchen in einen Hungerstreik, und sind damit schnell erfolgreich: Nach nur 24 Stunden erklärt sich der Gouverneur bereit, sie zu empfangen.

»Warum sollten wir warten, bis wir erwachsen sind?«

Der Gouverneur verpflichtet sich, Schulungsprogramme ins Leben zu rufen und Verpackungs-Alternativen einzuführen, um den Gebrauch von Plastiktüten auf Bali drastisch zu reduzieren.

Die Schwestern übernehmen die Schulungen und bereisen bald die ganze Insel. Auf ihren Vorträgen informieren sie über die Hintergründe der Aktion und versuchen, die Bevölkerung für die Problematik zu sensibilisieren. »Wir glauben fest daran, dass Bildung der Schlüssel zum Wandel ist. Ein großer Teil unserer Kampagne besteht darin, die Menschen über die Umweltverschmutzung durch Plastikmüll aufzuklären, denn wenn sie nicht informiert sind, wie wollen wir dann das Problem lösen?«

Von da an veranstalten Melati und Isabel mit Bye Bye Plastic Bags immer neue Aktionen. Sie motivieren die Ladenbesitzer und Bewohner des Pilotdorfs Pererenan dazu, auf Einwegtüten zu verzichten und stattdessen wiederverwendbare Taschen aus Recyclingmaterial zu nutzen, die sie zur Verfügung stellen. Im Mai 2015 starten die Schwestern die Kampagne »One Island One Voice«, bei der es ihnen gelingt, alle Umweltschutzgruppen auf Bali zusammenzubringen.

Im Februar 2017 organisieren sie die erste große Müllsäuberungsaktion, »Bali's Biggest Clean Up«, bei der 12.000 Teilnehmer an 55 Orten auf der Insel an einem einzigen Tag 43 Tonnen Abfall einsammeln. Im April 2018 rufen sie das Projekt »Mountain Mamas« ins Leben, ein soziales Projekt im Sinne der Kreislaufwirtschaft, bei dem Frauen aus dem balinesischen Hochland recycelbare Taschen aus gespendeten und recycelten Materialien herstellen.

In dieser Zeit treffen Melati und Isabel sich regelmäßig mit Vertretern und Beamten der lokalen und nationalen Regierungen, um Vereinbarungen auszuhandeln und auf eine echte Veränderung der Verhältnisse hinzuarbeiten. Es ist kein leichter Weg für die beiden, die es als »eine der größten Herausforderungen« bezeichnen, »zu lernen, wie man mit der Regierung zusammenarbeitet. Wir wollen nicht in die Politik hineingezogen werden, aber ohne sie geht es nun mal nicht. Wir mussten lernen, Geduld zu haben, und den Dingen die nötige Zeit zu lassen.« Diese Verhandlungstaktik haben sie »Tanzen mit den Politikern« getauft: »Manchmal bedeutet das, einen Schritt vor und zwei Schritte zurück zu machen!«

»Manchmal bedeutet das, einen Schritt vor und zwei Schritte zurück zu machen!«

Aber ihre Geduld wird belohnt, das Engagement der Wijsen-Schwestern hat Erfolg: Anfang 2019 verbietet der Gouverneur von Bali die Verwendung von Einweg-Plastiktüten sowie von Styroporverpackungen und Strohhalmen. Und so werden bei Bali's Biggest Clean Up 2020 bereits 40 Prozent weniger Plastiktüten eingesammelt als noch 2019! Bali ist mittlerweile zum Vorbild für ganz Indonesien geworden: Im Juli 2020 wurde in der indonesischen Hauptstadt Jakarta die Nutzung von Plastiktüten verboten – höchste Zeit, denn die Mülldeponien sind randvoll und das Land droht im Plastikmüll zu versinken.

DIE STORY

In den letzten vier Jahren hat die Aktion Bali's Biggest Clean Up 57.500 Menschen an 430 Orten mobilisiert, die 155 Tonnen Plastik eingesammelt haben. Zwischen den ganzen Plastikflaschen, Verpackungen, Strohhalmen und Deckeln haben sie auch immer wieder einen anderen Gegenstand gefunden: Flip-Flops – in allen Farben!

Die deutsche Künstlerin Liina Klauss, die ihre Kunst zum Schutz der Umwelt einsetzt, hat diese Flip-Flops verwendet, um eine Kunstinstallation aus 5000 Flip-Flops zu gestalten, die sie nach den Farben des Regenbogens angeordnet und im Sommer 2018 auf Bali ausgestellt hat.

DAS ZIEL

Weg mit dem Plastikmüll

Plastik ist vielseitig verwendbar, lange haltbar und preiswert – alles Eigenschaften, die es zu einem sehr beliebten Material, aber auch zu einem großen Umweltproblem machen. Weltweit werden durchschnittlich 300 Millionen Tonnen Kunststoff pro Jahr produziert, der in allen möglichen Produkten verwendet wird: Flaschen, Verpackungen, Möbel, Textilfasern – bis hin zu Prothesen und medizinischen Geräten. Nur ein sehr kleiner Teil dieser Kunststoffe wird recycelt und fast die Hälfte des Plastikaufkommens sind Einwegverpackungen – Folien, Dosen und Becher, die einmal verwendet und anschließend weggeworfen werden. Eine Plastikflasche wird im Durchschnitt 15 Minuten lang benutzt – bis sie sich zersetzt, kann es 500 Jahre dauern! Eine Plastiktüte kann bis zu 55 Jahre halten. Aber auch wenn sich das Plastik schließlich in Mikropartikel auflöst, es bleibt ein chemisch gewonnener, naturfremder Stoff, der unsere Umwelt und die Lebewesen belastet!

Mit 3,2 Millionen Tonnen Plastikmüll pro Jahr belegt Indonesien nach China heute weltweit einen traurigen zweiten Platz. Wie in vielen anderen Ländern der Welt, werden hier die meisten Produkte in Plastik eingewickelt und anschließend in einer Plastiktüte transportiert. Allein auf der Insel Bali mit ihren 4,2 Millionen Einwohnern nutzte jeder Einzelne im Schnitt 400 Plastiktüten im Jahr – bevor dank Melati und Isabel 2019 die neuen Vorschriften in Kraft getreten sind!

PLASTIK: HERSTELLUNG UND VERBRAUCH*

Jedes Jahr werden **500.000 Millionen Plastiktüten** *weltweit genutzt, das sind* **1 Million pro Minute.**

40 Prozent der Plastikproduktion entfällt auf Verpackungsmaterial.

In den letzten zehn Jahren wurden weltweit mehr **Plastiktüten hergestellt als im gesamten 20. Jahrhundert.**

Eine Plastiktüte *wird durchschnittlich* **15 Minuten lang genutzt.**

WIE LANGE BRAUCHT PLASTIK, UM SICH ZU ZERSETZEN?**

Plastikflasche: **rund 500 Jahre**
Plastikgabel: **rund 400 Jahre**
Plastikfeuerzeug: **100 Jahre**
Plastikbecher: **65–75 Jahre**
Plastiktüte: **55 Jahre**

* Zahlenangaben der NGO Plastic Oceans ** Zahlenangaben von Greenpeace

Vorname: **Melati**

Nachname: **Wijsen**

Geboren: **2001**

Land: **Indonesien**

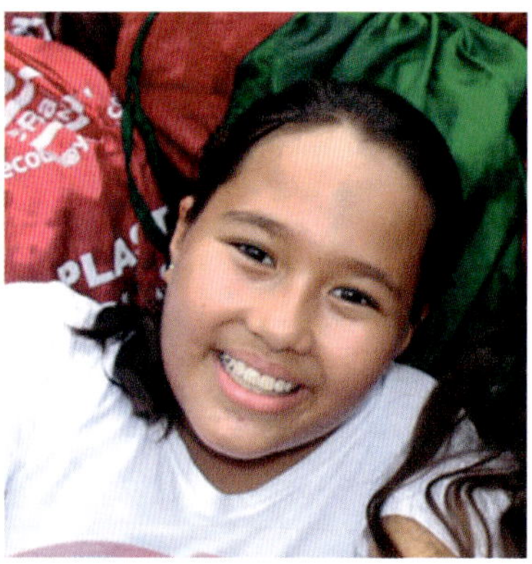

Vorname: **Isabel**

Nachname: **Wijsen**

Geboren: **2003**

Land: **Indonesien**

Kampf gegen Umwelt-verschmutzung

PORTRÄT

Melati und Isabel haben einen indonesischen Vater und eine holländische Mutter. Die Schwestern sind auf Bali geboren und in engem Kontakt mit der Natur aufgewachsen: in der Nähe des Meeres, umgeben von Reisfeldern und Regenwald. »Indem ich so naturverbunden lebte, spürte ich schon früh eine starke Verbindung zu unserem Planeten«, sagt Isabel. Der Gedanke, dass ihre schöne Insel irgendwann völlig vom Plastik verschluckt werden könnte, bedrückte sie daher ganz besonders.

Als die beiden Bye Bye Plastic Bags gründen, sind sie sich von Anfang darüber bewusst, wie wichtig es ist, mit anderen Jugendlichen zusammenzuarbeiten, um ihre Ziele durchzusetzen. Die Stärke ihres Engagements liegt im »empowerment«. Der Begriff kommt aus dem Englischen und bedeutet, anderen Menschen dazu zu verhelfen, sich zu emanzipieren, sich weiterzuentwickeln und autonom zu werden.

Instagram: **melatiwijsen/byebyeplasticbags**

Twitter: **@Byeplasticbags**

YouTube: **Bye Bye Plastic Bags**

Melati und Isabel haben es dank ihres unermüdlichen Einsatzes geschafft, in der breiten Öffentlichkeit ein Bewusstsein für das Plastikproblem auf Bali und in ganz Indonesien zu etablieren. Für ihr Engagement haben sie viele Ehrungen und Auszeichnungen erhalten, so wurden sie u. a. zum World Oceans Day der Vereinten Nationen eingeladen, um über ihr Projekt zu sprechen. 2017 erhielten sie in Deutschland den »Bambi«, in Taiwan den »Global Youth of the Year« und von *CNN* den »Young Heroes Award«. 2018 wählte sie das *Time Magazine* unter die 25 einflussreichsten Jugendlichen der Welt.

Ihre NGO ist mittlerweile weltweit bekannt und hat Tausende von Jugendlichen mobilisiert. Heute gehören dem Verein rund 30 Teams auf der ganzen Welt an, von Japan bis Mexiko, Nepal bis Spanien und Nigeria bis in die USA.

Isabel hat im Sommer 2020 die Schule beendet. Sie engagiert sich weiter für den Umweltschutz, hofft aber, in Zukunft etwas mehr Zeit für ihre zweite Leidenschaft Tanz und Performance zu haben.
Melati hat sich seit ihrem Schulabschluss auf ihre Tätigkeit als Umweltaktivistin konzentriert. Ihren Studienwunsch hat sie dafür erst einmal zurückgestellt.

Zusammen mit Greta Thunberg und einigen anderen Jugendlichen hat Melati Anfang 2020 auf dem Weltwirtschaftsforum in Davos über ihren Einsatz für die Umwelt gesprochen – und über die Bedeutung von Bildung: »Das Bildungssystem ist veraltet. Es bereitet uns nicht auf die wirklichen Probleme vor, auf die dringenden Fragen, die sich in der Welt stellen.«
Aus diesem Grund hat Melati mit ihrer Schwester vor Kurzem ein weiteres Projekt ins Leben gerufen: »Youthtopia«. Mit ihrer neuen Initiative wollen die beiden die »Changemaker«, die *Weltverbesserer*, unterstützen. Ihr Anliegen ist es, Jugendlichen wichtige Kenntnisse zu vermitteln, die ihnen dabei helfen sollen, als Aktivisten die Welt zum Positiven zu verändern: öffentliche Auftritte und Reden, Führungsqualitäten, Verhandlungsgeschick im Umgang mit Vertretern von Regierungen – alles, was die Schwestern während der vergangenen Jahre bei ihrer Arbeit für Bye Bye Plastic Bags selbst gelernt haben.
Ende 2020 kommt ein Film über Melati und einige andere jugendliche Aktivisten in die Kinos: In *Bigger than us* bereist Melati die Welt und trifft sich unter anderem auch mit Memory Banda (lies nach auf S. 102 ff.) und Xiuhtezcatl Martinez (lies nach auf S. 34 ff.)

Kampf gegen die Abholzung der Wälder

FELIX FINKBEINER

WIE ALLES BEGINNT

Felix Finkbeiner ist erst neun Jahre alt, als er 2007 einen ehrgeizigen Plan fasst: In jedem Land der Welt könnte man eine Million Bäume pflanzen, um das Erdklima zu retten. Es dauert nicht lange, bis aus dieser verwegenen Idee ein Projekt wird: »Plant-for-the-Planet«. Alles beginnt mit einem Referat, das Felix an seiner Schule in Starnberg bei München halten soll. Es geht um die globale Klimaerwärmung. Bei seinen Recherchen begreift Felix, dass sein Lieblingstier, der Eisbär, durch die Folgen des Klimawandels vom Aussterben bedroht ist. Gleichzeitig erfährt er von einer Frau, deren Arbeit dazu beiträgt, die Auswirkungen dieses Klimawandels abzuschwächen: Sie heißt Wangari Maathai, ist Trägerin des Friedensnobelpreises, und hat es geschafft, mit ihrer Organisation »The Green Belt Movement« in Kenia 30 Millionen Bäume zu pflanzen.

»Eigentlich geht es nicht um den Eisbären, sondern um unsere eigene Zukunft.«

Bäume reinigen die Luft. Ein einzelner Baum absorbiert in einem Jahr bis zu 5 Kilogramm umweltschädlicher Gase und kann im gleichen Zeitraum 130 Kilogramm Sauerstoff produzieren. Am Tag seines Referats erklärt Felix seinen Klassenkameraden, dass Bäume Kohlendioxid speichern und Sauerstoff freisetzen. Sie speichern so jene Treibhausgase, die die Ursache der globalen Erwärmung sind. Durch das Anpflanzen von Bäumen könnte man also den Lebensraum der Eisbären erhalten, und damit den Eisbären selbst retten. Felix präsentiert seiner

Klasse seine Idee: Jugendliche auf der ganzen Welt könnten in jedem Land eine Million Bäume pflanzen und so zum Ausgleich der CO_2-Emissionen beitragen.

Einige Wochen später, im März 2007, pflanzt Felix' Klasse ihren ersten Baum, einen Apfelbaum, vor der Schule. Zwei Lokaljournalisten berichten von der Aktion und animieren so andere Schulen dazu, es der Klasse von Felix gleichzutun. Die Idee verbreitet sich wie ein Lauffeuer, und jede Woche liefern sich weitere Schulen in Deutschland einen regelrechten Wettbewerb, welche von ihnen die meisten Bäume pflanzt. Der Bruder eines Klassenkameraden hilft Felix bei der Einrichtung einer Website, auf der alle gepflanzten Bäume gezählt werden.

Nach einem Jahr sind bereits 150.000 Bäume gepflanzt worden, und die Bewegung nimmt eine ganz neue Dimension an. »Am Anfang wollten wir den Eisbären retten«, sagt Felix. »Doch dann haben wir verstanden, dass es eigentlich nicht um den Eisbären geht, sondern um unsere eigene Zukunft.«

Im Jahr 2008 stellt Felix Finkbeiner, der gerade zehn Jahre alt geworden ist, sein Projekt im Europäischen Parlament vor.

Ein Jahr später hält er eine Rede auf der UN-Kinderkonferenz in Südkorea. Am Ende fragt er die TeilnehmerInnen, wer von ihnen bereit wäre, im eigenen Land eine Million Bäume zu pflanzen. Innerhalb weniger Minuten stehen Hunderte von Kindern aus 56 verschiedenen Ländern mit ihm auf der Bühne: ein starkes Signal, um ihr Engagement zu bekräftigen. 2011 wird Felix nach New York eingeladen, um eine Rede vor den Vereinten Nationen zu halten. Er sagt: »Wir Kinder wissen, dass die Erwachsenen sich der Probleme bewusst sind und dass sie die Lösungen dafür kennen. Was wir nicht verstehen, ist, warum nur begrenzt gehandelt wird.«
Zu diesem Zeitpunkt ruft er die Kampagne »Stop talking. Start planting.« (»Hört auf zu reden. Fangt an zu pflanzen.«) ins Leben, die von zahlreichen Prominenten unterstützt wird. Die Kampagne vermittelt eine sehr klare Botschaft: »Wir jungen Menschen müssen unsere Zukunft selbst in die Hand nehmen.«

Nur drei Jahre nach ihrer Gründung feiert die Organisation ihre erste Million gepflanzter Bäume.
2011 übergibt das Umweltprogramm der Vereinten Nationen die Leitung der »Billion Tree Campaign«, die die UN 2006 als Fortsetzung von Wangari Maathais Baumpflanzaktion gegründet hatte, offiziell an die NGO von Felix Finkbeiner. Heute unterhält »Plant-for-the-Planet« Büros in sieben Ländern und hat mithilfe von anderen NGOs, Regierungen und Unternehmen mehr als 13 Milliarden Bäume in 190 Ländern gepflanzt. Die Initiative verfolgt nun ihr nächstes Ziel: in den nächsten 10 Jahren weltweit 1000 Milliarden – also eine Billion – Bäume zu pflanzen. Wie das Projekt voranschreitet, kann man auf der App www.plant-for-the-planet.org verfolgen. Sie zeigt an, in welchen Ländern wie viele Bäume gepflanzt wurden. Man kann aber auch selbst gepflanzte Bäume registrieren oder Bäume an Pflanzeninitiativen spenden.

Vorname: **Felix**

Nachname: **Finkbeiner**

Geboren: **1997**

Land: **Deutschland**

Instagram:
plantfortheplanet_de

Twitter: **@FelixFinkbeiner/ @PftP_int**

YouTube: **Plant-for-the-Planet**

Kampf gegen die Abholzung der Wälder

PORTRÄT

Was Felix auszeichnet, sind nicht nur seine Motivation und seine Fähigkeit, andere zu begeistern, sondern auch seine Weitsicht: Er hat von Anfang an »groß« gedacht und Kinder und Jugendliche aus der ganzen Welt angesprochen. Schon knapp zwei Jahre nach dem Start von Plant-for-the-Planet hat die Organisation sogenannte Kinderakademien angeboten: eintägige Veranstaltungen, bei denen Kinder – die meisten zwischen neun und zwölf Jahre alt – ihr Wissen über Klimagerechtigkeit und über das Pflanzen von Bäumen an andere Kinder weitergeben, die auf diese Weise zu neuen BotschafterInnen des Projekts in ihren eigenen Ländern werden. Mittlerweile hat es weit über 1000 solcher Kinderakademien gegeben. Für sein beeindruckendes Engagement ist Felix 2018 vom Bundespräsidenten mit dem Bundesverdienstkreuz ausgezeichnet worden.

Website: **www.plant-for-the-planet.org**

DIE STORY

Stop talking. Start planting.

Für diese Kampagne haben die jungen BotschafterInnen von Plant-for-the-Planet vielen berühmten Erwachsenen den Mund zugehalten: Die Plakate zeigen Felix und seine MitstreiterInnen u. a. mit Fürst Albert II., Gisèle Bündchen, Til Schweiger und anderen bekannten Persönlichkeiten.

DAS ZIEL

Stoppt die Abholzung der Wälder

Die Wälder sind unverzichtbare Verbündete in unserem Kampf gegen die globale Erwärmung. Wie die Weltmeere binden sie die Treibhausgase und reinigen die Atmosphäre.

Bäume und Pflanzen absorbieren CO_2 in ihren Blättern, Wurzeln, Stämmen und im Boden und verhindern so, dass sich dieses Gas in der Atmosphäre anreichert. »Es gibt etwa 3 Billionen Bäume auf der Welt«, sagt Felix Finkbeiner. »Wir könnten den weltweiten Baumbestand um ein Drittel erhöhen, also um 1 Billion Bäume. Es wird jedoch nur dann möglich sein, das 2-Grad-Ziel des Pariser Klimaabkommens noch zu halten, wenn wir zusätzlich zum Pflanzen von 1 Billion Bäumen unsere Treibhausgasemissionen deutlich reduzieren.«

Dass es 3 Billionen Bäume auf der Erde gibt, wurde 2015 durch eine von Plant-for-the-Planet und einer Gruppe von Wissenschaftlern initiierte Studie gezeigt. Das ist einerseits eine gute Nachricht, denn es sind sechsmal mehr Bäume als angenommen. Andererseits zeigt die Studie auch, dass wir seit Beginn der Menschheitsgeschichte fast die Hälfte aller Bäume auf der Erde zerstört haben. Heute werden jedes Jahr ca. 10 Milliarden Bäume gefällt. Die Abholzung stellt ein doppeltes Problem für die globale Erwärmung dar. Zum einen verlieren wir damit die wichtigsten Sauerstoff-Lieferanten, zum anderen erhöhen sich die Treibhausgasemissionen: Denn wenn ein Baum durch Brandrodung vernichtet wird, gelangt der in ihm gespeicherte Kohlenstoff als CO_2 zurück in die Atmosphäre.

Hauptursache für die Waldrodungen (zu ca. 80 Prozent) ist die kommerzielle Landwirtschaft. Große Waldflächen werden abgeholzt, um Feldfrüchte wie Sojabohnen, Palmöl, Kautschuk, Kaffee, Tee und Reis anzubauen, aber auch, um Weideflächen für die Rinderzucht zu gewinnen. Dabei werden zusätzlich große Mengen an Treibhausgasen produziert. Abholzungen und Landwirtschaft sind die beiden größten Quellen der vom Menschen verursachten Kohlenstoffemissionen – mehr als die weltweiten Emissionen aller Autos und Lastwagen!

Durch den Schutz der Bäume und die Wiederaufforstung würden wir nicht nur dazu beitragen, die Auswirkungen der globalen Erwärmung zu begrenzen, sondern – und das ist noch viel wichtiger – wir könnten auch weiterhin von ihrem unschätzbaren Wert für die Erde profitieren. Denn Bäume sind ein natürlicher Lebensraum und bieten Tausenden von Pflanzen- und Tierarten ein Zuhause. Sie tragen zur Regulierung des lokalen Klimas bei, reinigen das Wasser und schützen die Böden vor Erosion.

Fast 20 Prozent
des Amazonas-
Regenwalds,
des größten Waldes der Welt,
sind in den letzten
50 Jahren
vernichtet worden.

Unter dem Druck der Nahrungs-mittelindustrie werden weltweit tropische Wälder gerodet.

ZAHLENANGABEN DES WORLD WILDLIFE FUND WWF:

Zwischen 1990 und 2015 wurden 239 Millionen Hektar Naturwälder **vernichtet.**

(Zum Vergleich: Die Fläche von Deutschland beträgt 35,7 Millionen Hektar.)

2019 wurden weltweit
12 Millionen Hektar
Tropenwald
gerodet. Das entspricht
der Fläche Englands.
Allein im März 2020 wurden in den
18 am stärksten betroffenen Ländern
rund 645.000 Hektar
Tropenwald vernichtet.

Hier standen vor Kurzem noch Bäume. Zerstörung des tropischen Regenwalds in Indonesien.

Erhalt der Artenvielfalt

VICTOR NOËL

WIE ALLES BEGINNT

Victor ist ein Hans-Guck-in-die Luft. Es hat immer den Himmel im Blick, es könnte ja sein, dass ein Vogel vorbeifliegt. Seit er denken kann, ist das Beobachten von Tieren Victors große Leidenschaft. Als er 2013 mit seiner Familie zu einer fünfmonatigen Tour durch Europa aufbricht, begegnet er unterwegs zahlreichen, ihm bis dahin unbekannten Vogel- und Säugetierarten. Victor ist begeistert.

Heute ist Victor Noël 16 Jahre alt, und seine Begeisterung für die Tierwelt ist ungebrochen. »Für mich ist die Beobachtung der Natur, insbesondere der Vögel, eine Form der Selbstbesinnung«, sagt er. »Angesichts der Vielfalt in der Natur empfinde ich immer wieder tiefe Ehrfurcht und ich frage mich, wie es möglich sein kann, dass es nicht allen so geht. Die Natur zu beobachten, weckt starke Gefühle in mir.«
Victor möchte Tiere beobachten, ihr Verhalten erforschen, ihnen nahe sein. Er weiß, dass viele Tierarten bedroht sind: In seinem Heimatland Frankreich sind in den letzten 15 Jahren 30 Prozent der Vögel verschwunden; in ganz Europa gibt es 80 Prozent weniger Fluginsekten als noch vor 30 Jahren. Victor ist überzeugt: Es ist unser Mangel an Interesse, Achtung und Neugierde gegenüber den anderen Lebewesen auf der Erde, der uns an diesen Punkt gebracht hat. Victor hat sich auch schon früh für Fotografie interessiert, insbesondere für Naturfotografie. Seiner Meinung nach ist das die beste Möglichkeit, um sich allem Lebenden zu nähern und es aktiv zu beobachten.
»Die Artenvielfalt ist ein komplexes System, und der Mensch ist ein Teil davon«, sagt Victor. »Sich für die Natur zu interessieren, bedeutet, sich für die Welt als Ganzes zu öffnen und nicht mehr nur über den Menschen zu sprechen.«

»Wenn man die Natur liebt, muss man zwangsläufig Aktivist werden.«

»Wir neigen dazu, uns als unabhängige, einzigartige Spezies zu betrachten und zu glauben, dass wir an der Spitze aller Arten stehen oder sogar, dass wir gar keine Art sind. Wir müssen alles Lebende respektieren und diese menschzentrierte Sichtweise aufgeben. Nur so können wir individuell, kollektiv und politisch die richtigen Entscheidungen treffen.«

Victor beschließt, aktiv zu werden: »Nach meiner Europareise habe ich einen Blog gestartet und begonnen, Naturfotos zu machen. Dank meiner Fotoausstellungen haben mich mehrere Schulen eingeladen, um vor den SchülerInnen über mein Engagement zu reden. Und ich bin verschiedenen Naturschutzvereinen beigetreten.«

Victor versucht, Naturbeobachtung und Umweltaktivismus zu verbinden. In Rombas, seinem elsässischen Heimatdorf, und im nahe gelegenen Metz ist er bei allen Demonstrationen für das Klima dabei. »Ich beteilige mich an Aktionen zur Einrichtung von Schutzgebieten, für die sich die ›Ligue pour la Protection des Oiseaux (LPO)‹ einsetzt, der französische Vogelschutzverein, und an den Aktionen des Tierschutzvereins L214.« Auch bei der Vereinigung »Nous voulons des coquelicots« (auf Deutsch: »Wir wollen Mohnblumen«), die gegen den Einsatz von Pestiziden kämpft, engagiert sich Victor. Im Rahmen des Kollektivs »Marsch für die Artenvielfalt« hat Victor auch zahlreiche PolitikerInnen seiner Gemeinde auf das Thema Biodiversität angesprochen. Im März 2019 ist es ihm gelungen, 79 Naturschutzvereine und 2000 Menschen zu mobilisieren, die gemeinsam einen Protestmarsch für den Erhalt der Artenvielfalt veranstalteten.

Victor Noël hat mehrere Vorbilder: den Naturfotograf Vincent Munier, den Umweltschützer und ehemaligen französischen Umweltminister Nicolas Hulot, den Journalist und Tierschützer Allain Bougrain-Dubourg, der heute den französischen Vogelschutzverein LPO leitet, und Paul Watson, Umweltaktivist und Mitbegründer der Umweltschutzorganisation Sea Shepherd, der seit Jahrzehnten für den Schutz der Meereslebewesen kämpft. »Wenn man die Natur liebt, muss man zwangsläufig Aktivist werden«, sagt Victor. »Wir erleben gerade das sechste Massenaussterben auf der Erde, das sollte niemandem gleichgültig sein.«

Victors großer Wunsch ist es, wieder loszuziehen und die Natur zu erforschen. »Zu reisen, neue Landschaften zu entdecken, die dort lebenden Tiere zu beobachten ... Das ist natürlich alles extrem spannend. Aber ich kann die Natur auch beobachten, ohne ans andere Ende der Welt zu reisen: Um unser Haus herum entdecke ich immer wieder Vögel, die ich noch nie zuvor gesehen habe. Wo auch immer man sich auf der Erdkugel befindet, der Reichtum an Tierarten ist immens und wird einen immer wieder in Staunen versetzen.«

DAS ZIEL

Erhalt der Artenvielfalt

Die Biodiversität oder Artenvielfalt, also die Vielfalt der auf der Erde lebenden Tier- und Pflanzenarten, ist in großer Gefahr.

Wir erleben heute, zu Beginn des 21. Jahrhunderts, das sechste Massenaussterben in der Geschichte unseres Planeten (das letzte wurde vor 65 Millionen Jahren durch einen Meteoriteneinschlag ausgelöst. Das war das Ende der Dinosaurier.). Gegenwärtig sterben im Durchschnitt 100- bis 1000-mal mehr Arten aus als in den vergangenen 10 Millionen Jahren. Seit Beginn der Industrialisierung, also in nur 250 Jahren, hat der Mensch durch sein Handeln den Zustand der Erde massiv verändert.

Im Mai 2019 legte die IPBES (Intergovernmental Science-Policy Platform on Biodiversity and Ecosystem Services), auch Weltrat für Biologische Vielfalt genannt, eine umfassende Studie vor, die auf der Arbeit von 150 Experten aus 50 Ländern mit 15.000 wissenschaftlichen Studien basiert. Hier rechts seht ihr die wichtigsten Schlussfolgerungen:

1 Million

Tier- und Pflanzenarten sind in der nächsten Zeit vom Aussterben bedroht

(d. h. eine von acht Arten, da es rund 8 Millionen Arten gibt; darunter 5,9 Millionen Arten zu Land und 2,2 Millionen Arten im Meer).

Hierbei handelt es sich nur um Schätzungen, denn bisher sind nur ca. 15 Prozent aller Lebewesen auf unserem Planeten bekannt und erfasst.

Mehr als zwei Drittel aller lebenden Arten sind Insekten. 10 Prozent von ihnen sind vom Aussterben bedroht.

Von den 97.000 untersuchten Wildtier- und Pflanzenarten **steht ein Viertel auf der Roten Liste,** d. h. sie sind vom Aussterben bedroht.

Bedrohte Arten nach Gruppen:

zwischen 16 und 63 Prozent der Pflanzen,

41 Prozent der Amphibien

33 Prozent der Korallen

31 Prozent der Haie und Rochen

27 Prozent der Krustentiere

25 Prozent der Säugetiere

19 Prozent der Reptilien

13 Prozent der Vögel

7 Prozent der Schnecken und Muscheln

und 7 Prozent der Knochenfische

Das jeweilige Vorkommen dieser Arten hat in etwas mehr als einem Jahrhundert um **20 Prozent** abgenommen.

Eine **halbe Million** Tier- und Pflanzenarten, die an Land beheimatet sind, werden verschwinden, wenn ihre Lebensräume nicht wiederhergestellt werden. Das erfordert große Anstrengungen, denn inzwischen sind bereits **75 Prozent** dieser Lebensräume **»umfänglich verändert«**. Bei den Lebensräumen im Meer sind **66 Prozent** **»sehr beeinträchtigt«** und bei den Feuchtgebieten sind bereits mehr als **85 Prozent** **»verloren gegangen«**.

In den letzten 50 Jahren hat sich die landwirtschaftliche Produktion weltweit **verdreifacht,** der internationale Handel **verzehnfacht** und die Rohholzproduktion ist um **45 Prozent** gestiegen.

Aktuell gibt es weltweit ***ca. 2500 Konflikte*** *um den Zugang zu fossilen* ***Ressourcen,*** *zu Wasser, Land und Nahrung.* *Und es gibt berechtigten Grund zu der Annahme, dass diese Zahl in den kommenden Jahren* ***stark ansteigen*** *wird.*

»Der Zustand der Ökosysteme, von denen wir abhängen – so wie die anderen Arten auch –, verschlechtert sich in rasantem Tempo«, warnt IPBES-Präsident Robert Watson. »Weltweit zerstören wir die Grundlagen unserer Volkswirtschaften, unserer eigenen Existenz, der Versorgung mit Nahrung, der Gesundheit und Lebensqualität. Der Bericht sagt uns auch, dass es noch nicht zu spät ist, um zu handeln, vorausgesetzt, wir beginnen jetzt damit, und zwar auf allen Ebenen, von der lokalen bis zur globalen.«

Die Hauptursachen für den schlechten Zustand der Ökosysteme laut IPBES:

- **Klimawandel**
- **Ausbeutung von Pflanzen- und Tierarten**
- **Umweltverschmutzung**
- **Nutzung und Ausbeutung von Land und Meeren (wie Abholzung, Urbanisierung, Umwandlung von Wildnis in landwirtschaftliche Nutzflächen)**
- **Ansiedlung nicht-heimischer Arten (die sich wegen der Klimaerwärmung in neuen Territorien verbreiten)**

Vorname: **Victor**

Nachname: **Noël**

Geboren: **2005**

Land: **Frankreich**

YouTube: **Victor NOEL**

Blog: **https://leblogdevictor.webnode.fr/**

Erhalt der Artenvielfalt

PORTRÄT

Victor ist überzeugter Veganer und Anti-Konsument. Seit seinem neunten Lebensjahr geht er nicht mehr zur Schule, sondern lernt selbstständig von zu Hause aus. Er verbringt viele Stunden im Garten, in dem er zusammen mit seinem Vater ein großartiges Biotop angelegt hat, mit einem Teich und viel grüner Wildnis. Über den Klimaschutz wird viel geredet, findet Victor, aber über den Schutz der Artenvielfalt zu wenig. Er unterstützt den Alarmruf der Wissenschaftler der amerikanischen Academy of Science, die im Sommer 2020 eine Studie veröffentlicht haben: Die Erhaltung gefährdeter Arten sollte als globaler Notstand behandelt werden, genauso wie der Klimawandel, denn beide Phänomene sind eng miteinander verbunden. Der Gedanke, dass innerhalb der nächsten 20 Jahre über 500 Tierarten aussterben könnten, ist für Victor unerträglich.

DIE STORY

Im September 2020 besuchte Victor zusammen mit seinen MitstreiterInnen der Bewegung »Wir wollen Mohnblumen« die französischen Umweltministerin, um ihr eine Liste mit über 1 Million Unterschriften gegen den Einsatz von Pestiziden vorzulegen. Die letzte Unterschrift auf der Liste setzte die Ministerin höchstpersönlich! Victor postet regelmäßig Videos auf seinem YouTube-Kanal und hat Ende 2020 sein erstes Buch mit eigenen Fotos und Texten veröffentlicht. Es heißt: *Ich träume von einer Welt. Plädoyer eines Jugendlichen für die Artenvielfalt.*

Recht auf Bildung, besonders für Mädchen

MALALA YOUSAFZAI

WIE ALLES BEGINNT

Mingora, im Nordwesten Pakistans. An diesem Dienstag, dem 9. Oktober 2012, ist Malala Yousafzai mit dem Bus auf dem Heimweg von der Schule. Malala ist erst 15 Jahre alt, aber schon weltweit bekannt, seit sie 2009 ein Blog-Tagebuch auf der Website der BBC veröffentlicht hat. Darin beschreibt sie ihr Leben unter dem Regime der radikal-islamistischen Taliban, die Frauen, Intellektuelle und Andersdenkende unterdrücken. In ihrem Blog prangert Malala die Gewalt an, die die Taliban ausüben, vor allem gegen Mädchen, indem sie ihnen den Schulbesuch verbieten. Malalas Blog erscheint zwar unter dem Pseudonym Gul Makai, aber ihre wahre Identität wird schnell aufgedeckt. Malala schreibt dennoch weiter und wird so zur Zielscheibe der Taliban, genauso wie ihr Vater, ein Dichter und engagierter Bildungsaktivist.

Der Bus holpert über den Feldweg. Plötzlich bremst er heftig. Malala hört Schreie. Mehrere Männer der Taliban steigen ein, sie sind bewaffnet. Sie rufen laut durcheinander: »Wer ist Malala?!« Keiner der Passagiere rührt sich. Schließlich wenden sich zwei Mädchen um und blicken in die Richtung von Malala. Die Männer stürzen auf das Mädchen zu und schießen ihr ins Gesicht und in den Hals. Dann flüchten die Taliban aus dem Bus.
Malala wird in das nächstgelegene Krankenhaus und anschließend per Hubschrauber in ein Krankenhaus in Peschawar gebracht. Sie ist schwer verletzt, ihr Zustand ist kritisch. Schließlich wird die Kugel, die zuerst ihren Schädel durchschlagen hat (ohne ihr Gehirn zu treffen, glücklicherweise) und dann in ihre Schulter gedrungen ist, in einer langwierigen Operation entfernt.
Wegen der massiven Verletzungen von Kopf und Hals wird sie am 15. Oktober in ein auf Schusswaffenverletzungen und Kopfwunden spezialisiertes Krankenhaus nach Birmingham in Großbritannien geflogen, wo man sie erneut operiert: Diesmal setzen die Ärzte eine Titanplatte in ihren Schädel ein und ein kleines elektronisches Gerät, mit dem sie in Zukunft Geräusche wahrnehmen soll, denn das Trommelfell in ihrem linken Ohr ist durch das Attentat zerstört worden. Danach beginnt ihre langwierige Rehabilitation. Die Ärzte sind sich einig: Es ist ein Wunder, dass dieses junge Mädchen noch am Leben ist.

Zwei Wochen nach dem Attentat wird Malala im Krankenhaus von Birmingham in Großbritannien weiterbehandelt.

Malala erholt sich schnell von den Operationen und überwindet das Trauma des Attentats. Es wirkt fast so, als hätte sie dadurch sogar neue Kraft gewonnen.

In einem leidenschaftlichen Plädoyer spricht sie sich für weltweite Mädchenbildung und gegen die Ideologie der Taliban aus. Nach dem furchtbaren Attentat und der weltweiten Anteilnahme, die es ausgelöst hat, wird Malala zu einer Ikone der Freiheit und des Widerstands gegen die Barbarei. Sie erhält zahlreiche internationale Preise, wie den »Sacharow-Preis« des Europäischen Parlaments, den »Simone-de-Beauvoir-Preis« für die Freiheit der Frauen und die Auszeichnung »BotschafterIn des Gewissens« von Amnesty International. Infolge des Attentats richten die UNESCO und Pakistan den »Malala-Fonds« ein. Er soll das Recht der Mädchen auf Bildung stärken und ihnen vor allem in Krisengebieten ein sicheres Lernumfeld ermöglichen.

Malala selbst gründet 2013 mit ihrem Vater die Stiftung »Malala Fund«, die Mädchen durch Bildungsprojekte fördern soll. Die Stiftung setzt sich für eine Welt ein, in der jedes Mädchen »lernen und führen« kann. Laut dem Malala Fund besuchen weltweit 130 Millionen Mädchen im Schulalter derzeit keine Schule. Malala reist viel, um die Aktionen und Projekte ihrer Stiftung zu unterstützen, zum Beispiel nach Jordanien, wo sie zu syrischen Flüchtlingen Kontakt hat.

Im selben Jahr veröffentlicht sie ein autobiografisches Buch, *I am Malala* (in Deutschland erschienen unter dem Titel: *Ich bin Malala*), das weltweit ein großer Erfolg wird.

2014 wird Malala Yousafzai zusammen mit Kailash Satyarthi, einem indischen Kinderrechtsaktivisten, der Friedensnobelpreis verliehen, eine der höchsten Auszeichnungen überhaupt. Sie ist die jüngste Preisträgerin in der Geschichte des Preises. Das Preisgeld von 50.000 Dollar spendet Malala für den Wiederaufbau einer Schule im palästinensischen Gaza.

Malala Yousafzai ist auf der ganzen Welt bekannt. Sie ist zur Symbolfigur im Kampf für die Bildung von Mädchen geworden. Bereits als junges Mädchen hat sie sich zu Wort gemeldet und so den Weg geebnet für viele andere Mädchen und Jungen, von denen einige auch in diesem Buch vorgestellt werden; so wie Muzoon Almellehan (lies nach auf S. 93), die Malala mehrmals getroffen hat. Doch Malalas Leben ist weiterhin bedroht und sie kann nicht dauerhaft in ihre Heimat Pakistan zurückkehren. Dabei wäre das ihr größter Wunsch.

Als Friedensnobelpreisträgerin hält Malala die Eröffnungsrede auf der Weltversammlung für Frauen in Tokio am 23. März 2019.

Vorname: **Malala**

Nachname: **Yousafzai**

Geboren: **1997**

Land: **Pakistan**

Twitter: **@Malala/@MalalaFund**

YouTube: **MalalaFund**

Recht auf Bildung, besonders für Mädchen

PORTRÄT

Malala Yousafzai hat sich schon frühzeitig engagiert: Im Alter von elf Jahren beginnt sie, einen Blog über ihr Leben unter dem Regime der Taliban zu schreiben. Sie träumt davon, Ärztin zu werden. Als ihre Identität aufgedeckt wird, wird sie zur Zielscheibe der Taliban und das Attentat 2012 kostet sie fast das Leben. Mittlerweile ist Malala 23 Jahre alt und lebt in Großbritannien. Sie hat ihren Schulabschluss in Birmingham gemacht und anschließend an der Elite-Universität von Oxford Philosophie, Politik und Wirtschaft studiert. In der nächsten Zeit möchte Malala sich vor allem ihrer Stiftung Malala Fund widmen. Langfristig möchte sie Politikerin werden, um »die Zukunft Pakistans zu verändern und Bildung zur Pflicht zu machen«.

Website: **www.malala.org**

DIE STORY

Roll Call

Am 22. April 2019 stellte der Malala Fund auf YouTube sein erstes Video einer neuen Serie namens »Roll Call« online. In der Serie berichten junge Mädchen von ihrem Alltag in Japan, Mexiko, Irak, Indien und anderen Ländern. Sie erzählen von ihren Zielen und Wünschen, ihren Begegnungen mit anderen oder auch von einem Leben im Exil. Die spannenden Videos wurden alle von den Mädchen selbst realisiert.

ZAHLEN WELTWEIT

264 Millionen
Mädchen und Jungen
haben keine Möglichkeit,
eine Schule
zu besuchen oder
eine Ausbildung
abzuschließen.

130 Millionen
Mädchen
können nicht
zur Schule
gehen.

Ungefähr
16 Millionen
Mädchen im Alter von
sechs bis elf Jahren
haben noch nie
eine Schule besucht.

Neun von zehn
Kindern in Afrika
lernen noch nicht
einmal die Grundlagen des
Lesens und Rechnens.
Dabei sind Mädchen
besonders benachteiligt.

IN PAKISTAN:

Zwischen 2007 und 2015 sind **867 Schulen** von Extremisten **angegriffen worden,** oft, weil sie **Naturwissenschaften als Fach anboten oder Mädchen unterrichteten.**

2007 haben die Taliban **900 Mädchenschulen** geschlossen und so **120.000 Mädchen das Recht** auf Schule verwehrt.

Frauen verdienen im Durchschnitt ***34 Prozent*** *weniger als Männer.*

Damit gehört Pakistan zu den Ländern, in denen der ***»gender gap«*** *am größten ist.*

50 PROZENT DER FRAUEN IN PAKISTAN HABEN NIE EINE SCHULE BESUCHT.

In Pakistan gehen nur:

68 Prozent der Mädchen in die Grundschule.

41 Prozent der Mädchen in die Mittelschule.

13 Prozent der Mädchen in die Oberschule.

DAS ZIEL

Mehr Bildung

Malala Yousafzai denkt global: Sie geht ein Grundproblem unserer Gesellschaft an, um die Welt von morgen zum Positiven zu verändern. Denn von den bald 8 Milliarden Menschen, die auf der Welt leben, sind mehr als ein Viertel unter 15 Jahre alt.

Auf ihrer Website erklärt die Friedensnobelpreisträgerin: »Ein großer Teil der Weltbevölkerung sind Kinder und Jugendliche, besonders in den armen Ländern. Um mehr Frieden in der Welt zu erreichen, müssen die Rechte von Kindern und Jugendlichen respektiert werden. Die Ungerechtigkeiten, die an Kindern begangen werden, tragen dazu bei, dass die Konflikte an die nächsten Generationen weitergegeben werden.«

Bildung gehört zu den Grundrechten eines Kindes. Dies mag in einem Land wie Deutschland, in dem Kinder und Jugendliche gute Bildungschancen haben, völlig selbstverständlich erscheinen, aber es gibt weltweit immer noch rund 264 Millionen Kinder und Jugendliche, die keine Möglichkeit haben, zur Schule zu gehen oder ihre Ausbildung abzuschließen.

Bei den Mädchen, vor allem jenen aus besonders armen Familien, sind die Chancen auf Bildung noch begrenzter. Laut der Organisation der Vereinten Nationen UNESCO sind 130 Millionen Mädchen im Alter zwischen 6 und 17 Jahren nicht eingeschult und 16 Millionen Mädchen im Grundschulalter werden nie ein Klassenzimmer betreten.

Pakistan, das Land aus dem Malala kommt, führt in dieser Hinsicht einen traurigen Rekord an: 2017 stand es weltweit an vorletzter Stelle bei den Bildungschancen für Mädchen. Es gehört zu den Ländern, in denen die Ungleichheit zwischen den Geschlechtern am stärksten ist – die Gesellschaft ist weiterhin stark geprägt von patriarchalen Werten: Ein Mann hat dort mehr zu sagen und zählt auch mehr als eine Frau. Eine der Folgen ist, dass Mädchen oftmals vorzeitig die Schule abbrechen müssen; viele von ihnen beenden noch nicht einmal ihre Grundschulzeit.

Malala setzt sich dafür ein, dass alle Mädchen das Recht haben, zur Schule zu gehen. Schon längst hat sie mit ihrem Engagement die Grenzen ihres Landes überschritten und engagiert sich mit ihrer Stiftung in Ländern wie Brasilien, Nigeria, Afghanistan, Indien und Syrien.

le matin avant de venir à l'école
avec de l'eau propre
chasse la maladie.
dialogue
bonjour

Recht auf Bildung, besonders für Flüchtlinge

MUZOON ALMELLEHAN

WIE ALLES BEGINNT

Februar 2011, in der Stadt Deraa, im Südwesten Syriens. Ein paar Jugendliche haben nachts regimekritische Sprüche an die Wände gesprüht. »Das Volk will den Sturz des Regimes!«, ist da u. a. zu lesen. Das Regime von Diktator Baschar al-Assad reagiert mit aller Härte, die 15 Jugendlichen werden verhaftet, eingesperrt, einige werden sogar gefoltert. Der Vorfall versetzt ein Land in Aufruhr, in dem es bereits enorme Spannungen gibt. Die Bevölkerung von Deraa rebelliert, es kommt zu Demonstrationen, die von den Regierungstruppen gewaltsam niedergeschlagen werden. Dabei werden 240 Menschen getötet. So beginnt der syrische Bürgerkrieg ...

Deraa, eine mittelgroße Stadt mit 100.000 Einwohnern, liegt nur wenige Kilometer von der jordanischen Grenze entfernt. Hier lebt die zwölfjährige Muzoon Almellehan zusammen mit ihren Eltern und ihren drei Geschwistern. Wie viele Menschen hier muss Muzoon hilflos mit ansehen, wie die Gewalt im Laufe der nächsten Monate weiter eskaliert. Zwei Jahre später, im Jahr 2013, kommt es zum offenen Krieg zwischen dem Regime von Baschar al-Assad und den Rebellen. Muzoon geht eigentlich noch zur Schule, ist jetzt in der neunten Klasse, doch nun wird Deraa täglich mit Bomben und Granaten beschossen. Muzoons Familie verbringt ihre Tage überwiegend zusammengekauert in der Wohnung, um nicht von einem Blindgänger getroffen zu werden. Nachts kann Muzoon nicht mehr schlafen. Der Schulweg und der Aufenthalt in der Schule werden immer gefährlicher, aber die Familie von Muzoon hält durch. Bis zu dem Tag, an dem ihr Vater, der Lehrer ist, seine Arbeit *und* seine Arbeitsstelle verliert: Die Schule, an der er unterrichtet, ist bombardiert worden. Die Familie beschließt, Deraa zu verlassen, und die Eltern fordern ihre vier Kinder auf, je einen kleinen Koffer mit dem Nötigsten zu packen: nur das, was ihnen besonders wichtig ist und was sie tragen können. Zwei, drei Kleider packt Muzoon ein, Stifte und Papier zum Schreiben. Und dann sind da die Schulbücher: Arabisch, Mathematik, Naturwissenschaften, Geschichte ... Sie sind schwer. Aber Muzoon kann keines zurücklassen, sie stopft alle in ihren Koffer und schafft es mit Mühe, ihn zu schließen. Von unten ruft ihre Mutter. Muzoon wirft noch einen letzten Blick in ihr Zimmer. Dann schließt sie die Tür zu ihrer Kindheit.

Die Familie macht sich auf den Weg zur jordanischen Grenze, denn in Jordanien sind mehrere Flüchtlingslager errichtet worden. Bis zum Grenzübergang sind es nur wenige Kilometer, aber Muzoon kommt kaum voran, sie schleift ihren Koffer hinter sich her. Schließlich greift der Vater nach dem Gepäck seiner Tochter.
»Was hast du da drin? Steine?« Er öffnet Muzoons Koffer. Als er die vielen Schulbücher entdeckt, ist er fassungslos:
»Glaubst du, wir können es uns leisten, das alles mitzunehmen? Wir sind auf der Flucht, Muzoon, es geht um unser Überleben!«
»Aber, Vater, wir wissen nicht, ob es im Lager in Jordanien eine Schule geben wird. Und ich möchte unbedingt weiterlernen.«
Ihr Vater sieht sie erstaunt an. Muzoons feste Stimme und ihr entschlossener Blick lassen keine Zweifel zu. Wortlos nimmt er ihren Koffer und trägt ihn, bis sie die Grenze nach Jordanien sicher passiert haben.

»Bildung ist die Voraussetzung, um das Leben zu führen, das man sich wünscht.«

WIE ES WEITERGEHT

Nach den ersten schwierigen Monaten gewöhnen sich Muzoon und ihre Familie langsam an das Leben im Flüchtlingslager Zaatari im Norden Jordaniens. Muzoon kann sogar wieder zur Schule gehen: in eine Zeltschule für die Flüchtlingskinder. Sie will um jeden Preis weiterlernen. »Bildung ist die Voraussetzung, um das Leben zu führen, das man sich wünscht, um zu dem Menschen zu werden, der man sein möchte. Ohne Ausbildung kann man sich selbst verlieren«, sagt sie später.

Muzoon geht von Zelt zu Zelt, um auch die anderen Jugendlichen im Flüchtlingslager zu motivieren und sie zum Lesen, Lernen und zum Besuch der Schule zu animieren. Viele Familien im Lager sind niedergeschlagen und resigniert, aber Muzoon versucht, sie davon zu überzeugen, dass ihre Kinder, insbesondere die Mädchen, nur mit einer guten Ausbildung, auf eine bessere Zukunft hoffen können. Viele Familien hören auf sie und schicken ihre Kinder zur Schule.

Unter den extremen Bedingungen im Flüchtlingslager beweist Muzoon Almellehan Zielstrebigkeit und Willensstärke. Während dieser Zeit trifft Muzoon auch Malala Yousafzai (lies nach auf S. 84 ff.), die das Lager Zaatari besucht. Die Familie Almellehan verbringt 18 Monate im Flüchtlingslager und insgesamt fast drei Jahre in Jordanien. Ende 2015 verlassen die Almellehans Jordanien und siedeln nach Newcastle in England über. Dort werden sie im Rahmen eines besonderen Hilfsprogramms aufgenommen und Muzoon kann schließlich ihren Traum verwirklichen: endlich weiterzulernen und ihren Schulabschluss zu machen!

KINDER, DIE WELTWEIT IN KRISENGEBIETEN LEBEN:

Rund
25 Millionen
Kinder **gehen**
nicht zur Schule.

Fast
50 Millionen
Kinder ***haben***
ihr Zuhause verloren.

30 Prozent der Weltbevölkerung sind Kinder.
Unter den Flüchtlingen ist
ihr Anteil überproportional hoch: Er beträgt 50 Prozent.

Mindestens
300.000
Kinder sind zurzeit ohne ihre Eltern auf der Flucht.
Diese Kinder sind besonders gefährdet.

Mädchen
in Krisengebieten besuchen deutlich seltener
eine Schule
als Jungen **in derselben Lage.**

Zahlen von UNICEF, dem Kinderhilfswerk der Vereinten Nationen

Mehr Bildung für Flüchtlingskinder

Der Bürgerkrieg in Syrien hat seit März 2011 immenses Leid über die syrische Bevölkerung gebracht: Über 370.000 Menschen wurden getötet, viele Millionen Menschen mussten fliehen. Insgesamt haben 13 Millionen Syrer und Syrerinnen ihr Zuhause verloren: Sie mussten ihr Haus, ihre Stadt, ihr vertrautes Leben aufgeben. Viele von ihnen sind aus Syrien geflohen und leben jetzt in Flüchtlingslagern. Das Leben in diesen Zeltlagern mitten in der Wüste ist sehr hart, und es ist fast unmöglich, sich eine neue Existenz aufzubauen. Die meisten Menschen haben kaum Perspektiven und konzentrieren sich aufs reine Überleben. Viele syrische Kinder haben nie etwas anderes als Krieg erlebt. Viele haben ein Familienmitglied oder Freunde verloren, sie haben Angst und Verzweiflung erfahren und mussten die Schule verlassen. Ohne eine richtige Ausbildung ist auch ihre Zukunft gefährdet.

»Ich hatte Glück«, sagt Muzoon. »Ich war in einem Lager, in dem es Schulen gibt. Und meinen Eltern ist Bildung wichtig.«

Muzoons Engagement, das im Flüchtlingslager von Zaatari begann, gilt heute allen Flüchtlingskindern auf der ganzen Welt.

»Ich glaube an Bildung, und ich glaube, dass Bildung der einzige Weg ist, um unsere Hoffnungen und Träume zu verwirklichen und um unsere Länder wieder aufzubauen.«

Syrische Kinder in der Schule in einem Flüchtlingslager in Jordanien

FOLGEN DES KRIEGES IN SYRIEN:

5,6 Millionen

Menschen sind aus Syrien geflohen.

6,2 Millionen
Menschen leben als (Binnen-) Vertriebene innerhalb Syriens.

Die Hälfte von ihnen sind Kinder.

30 Prozent
der Menschen, die in Jordanien leben, sind
Flüchtlinge.
Der überwiegende Teil sind **Syrer und Palästinenser.**

LEBEN IM FLÜCHTLINGSLAGER ZAATARI:

In Zaatari leben 79.000 Flüchtlinge.
20 Prozent sind ***unter 5 Jahre alt.***

19.243 ***Kinder gehen hier zur Schule.***
Im Flüchtlingslager gibt es **32 Schulen.**

Vorname: **Muzoon**

Nachname: **Almellehan**

Geboren: **1999**

Land: **Syrien**

Instagram: **muzoonalmellehan**

Twitter: **@muzoonrakan1**

Recht auf Bildung, besonders für Flüchtlinge

PORTRÄT

Muzoon Almellehan ist im Juni 2017 zur Botschafterin des Kinderhilfswerks UNICEF ernannt worden. UNICEF setzt sich für die Verbesserung der Lebensbedingungen von Kindern auf der ganzen Welt ein. Als UNICEF-BotschafterIn begleitet man UNICEF-Hilfsprojekte in verschiedene Länder.

Eine von Muzoons ersten Reisen in dieser Rolle führte sie in den Tschad, wo sie mit zahlreichen Kinder zusammentraf, die wegen der Anschläge der Terrororganisation Boko Haram nicht mehr zur Schule gehen können. Sie macht sich weiterhin für den Zugang zu Bildung für alle stark. »Meine Geschichte ist stellvertretend für die von Millionen von Kindern, die nicht zur Schule gehen können, und deren Leben sicherlich oft noch viel schwieriger ist als mein eigenes. Das müssen wir ändern«, hat Muzoon in einem Interview mit der spanischen Zeitung *El Mundo* gesagt.

Muzoon, die häufig auch als »Malala Syriens« bezeichnet wird, hat für ihr Engagement zahlreiche Auszeichnungen erhalten: 2017 hat die britische Rundfunkanstalt *BBC* sie auf die Liste der 100 einflussreichsten Frauen gesetzt, und die *Times* auf die der 30 einflussreichsten Teenager. Im Februar 2020 wurde sie mit dem »Dresdner Friedenspreis« ausgezeichnet.

In den jordanischen Flüchtlingslagern leben über 600.000 syrische Flüchtlinge, viele von ihnen schon seit mehreren Jahren. Eine große Zahl der Flüchtlingskinder kann keine Schule besuchen.

Keine Zwangsheirat im Kindesalter

MEMORY BANDA

WIE ALLES BEGINNT

Ostafrika, 2009, in einem kleinen Dorf im Süden Malawis. Die Landschaft erinnert an ein Gemälde: Das Rot der Schotterstraßen hebt sich leuchtend ab vom Gelb der trockenen Weideflächen und dem satten Grün der Teeplantagen. Auf den Feldern arbeiten Eltern mit ihren Kindern. Im Hof der Dorfschule spielen Kinder mit einem zum Ball geknoteten Tuch Fußball. Memory Banda, ein 13-jähriges Mädchen mit einem ansteckenden Lachen, lebt hier mit ihrer Mutter und ihrer jüngeren Schwester Mercy.

Heute ist Mercy nach Hause zurückgekehrt, nachdem sie einige Tage lang weg gewesen war. Etwas in ihrem Blick hat sich verändert, ein unbeschreiblicher Gesichtsausdruck hat ihr vertrautes Lächeln ersetzt. Memory verspürt einen schrecklichen Druck auf der Brust, plötzlich begreift sie, was mit ihrer Schwester passiert ist – natürlich hat sie schon davon gehört, was in den Initiations-Camps geschieht.

Gemäß einer alten Tradition in Malawi wird ein Mädchen, sobald es zum ersten Mal seine Tage hat, in ein sogenanntes Initiations-Camp geschickt. Hier führt man es zusammen mit anderen Mädchen in die Grundlagen der Mutterschaft, der Haushaltsführung und des Erwachsenenlebens ein. Die Mädchen verbringen mehrere Tage im Camp und werden in dieser Zeit auch von einem Mann entjungfert. Das soll den gesellschaftlichen Übergang der Mädchen von der Kindheit ins Erwachsenenalter markieren. In der Regel sind sie jedoch überhaupt nicht darauf vorbereitet und viel zu jung für einen solchen Schritt.

Mercy ist zwar zwei Jahre jünger als Memory, dennoch muss sie vor ihr ins Camp, weil sie bereits ihre Tage hat. Mercy ist erst elf Jahre alt, aber als sie zurückkommt, ist sie schwanger.

Mercys Leben als Kind ist vorüber, sie muss nun schon die Rolle einer Frau und die Verpflichtungen einer Erwachsenen übernehmen. Sie wird ihr Kind aufziehen, den Haushalt führen – und den (fast) Fremden versorgen, mit dem man sie zwangsverheiraten wird. Die Chance auf eine Schulbildung schwindet dahin, ebenso wie die Aussicht auf ein besseres Leben.
Memory wollte schon immer studieren. Auch von einem anderen Leben hat sie geträumt. Jetzt erlebt sie das Leiden ihrer Schwester und der anderen jungen Mädchen, die diese grausame Tradition befolgen müssen. Sie hat mit angesehen, wie ihre Cousinen, Freundinnen und Klassenkameradinnen schon als Kinder verheiratet wurden. Und wie sie frühzeitig die Schule aufgeben mussten. Als Memory dann an der Reihe ist, das Initiations-Camp zu durchlaufen, ist ihre Antwort unmissverständlich: Nein, sie wird nicht dorthin gehen! Sie will selbst entscheiden, welches Leben sie führt.

Memorys Entscheidung löst Unverständnis und Empörung aus. Die Frauen des Dorfes, die mit den Traditionen und Bräuchen großgeworden sind, beschimpfen sie als dumm und eigensinnig und sagen ihr immer wieder, dass sie heiraten soll. »Du bist eine erwachsene Frau. Deine kleine Schwester hat bereits ein Baby. Und du? Was ist mit dir?«
Aber Memory hat andere Pläne für ihre Zukunft, und nichts und niemand kann ihre Meinung ändern.

Sie will selbst entscheiden, welches Leben sie führt.

Memory beschließt, sich in zwei lokalen NGOs zu engagieren, »Girls Empowerment Network (Genet)« und »Let Girls Lead«, die sich für die Rechte der Mädchen in Malawi einsetzen. Hier lernt sie viele andere Mädchen und junge Frauen kennen und hört deren Geschichten.

Gemeinsam initiieren sie ein Projekt, »Fluss des Lebens«, bei dem die Mädchen ihre Erfahrungen, Träume und Sorgen durch Malerei, Theater und Dichtung ausdrücken. Memory sammelt viele dieser persönlichen Zeugnisse und verwendet sie in ihren Reden: Sie schildert darin eindrücklich, wie die Zwangsheirat ein Mädchenleben verändern, ja zerstören kann. Zusammen mit einigen anderen Mädchen wendet sich Memory an die Dorfältesten, um über die gravierenden Folgen der Kinderehen zu sprechen und um Gesetze einzufordern, die die Mädchen vor diesem Brauch schützen. Und sie haben Erfolg: Die Gemeinde, in der Memory lebt, hebt das Mindestalter für Eheschließungen auf 18 Jahre an. Sie verbietet auch das Ritual der Entjungferung in den Camps, es soll ab sofort durch Sexualkunde ersetzt werden. Ein großer Erfolg für Memory und ihre MitstreiterInnen!

Memory hat eine sehr klare Vorstellung davon, was sie erreichen will, und setzt sich dafür mit schier grenzenloser Energie ein. Sie schließt sich einer großen nationalen Bewegung verschiedener NGOs an, die von der malawischen Regierung die Abschaffung der Kinderehen fordern. An der Debatte nehmen auch viele Jugendliche teil, und Memory wird eine ihrer Schlüsselfiguren. Die Verhandlungen sind langwierig, aber Memory lässt sich nicht entmutigen. Nach fünf Jahren intensiver Debatten wird schließlich am 14. Februar 2015 ein Gesetz verabschiedet, das das gesetzliche Mindestalter zur Eheschließung in Malawi von 15 auf 18 Jahre anhebt. »Wir haben mit der Regierung zusammengearbeitet, um die Verfassung unseres Landes zu ändern und dazu beizutragen, dass es bald keine Zwangsverheiratung im Kindesalter mehr gibt – ein für alle Mal.«

Vorname: **Memory**

Nachname: **Banda**

Geboren: **1996**

Land: **Malawi**

Twitter: **@Memorybanda75**

YouTube: **Talk Daily Issues with MemoryBanda**

Keine Zwangsheirat im Kindesalter

PORTRÄT

Seit sie der Zwangsehe entkommen ist – jenem Schicksal, das sie mit Tausenden anderer Mädchen in Malawi geteilt hätte –, ist Memory zu einer leidenschaftlichen Verteidigerin der Mädchenrechte geworden. Für viele ist sie die Symbolfigur des Kampfes gegen Kinderehen, auf lokaler Ebene, aber mittlerweile auch international. Für Memory sind drei Faktoren grundlegend, um die Rechte der Mädchen zu verteidigen: das Verbot von Kinderheirat, Sexualaufklärung und Schulbildung. »Wir kämpfen hier für die Zukunft der Mädchen. Wenn man einem jungen Mädchen dabei hilft, sich selbstbestimmt zu entwickeln, hilft man der ganzen Nation. Das ist es, was mich jeden Morgen motiviert, denn ich weiß, ich kann etwas zum Positiven verändern.«

Deshalb hat Memory 2019 ihre eigene Stiftung gegründet, »Foundation4GirlsLeadership«, die Mädchen dabei unterstützt, ihre Lebensziele zu verwirklichen. Ende 2020 hat Memory eine eigene Talkshow im Fernsehen gestartet. Sie heißt *Über Alltagsfragen sprechen mit Memory Banda* und soll Mädchen ein Forum bieten, um über ihre Träume und Schwierigkeiten zu sprechen. Denn Memory ist sich sicher: Wenn Mädchen erst einmal verstehen, was sie alles erreichen könnten, dann werden sie ihr Schicksal in die Hand nehmen und ihre Zukunft selbst gestalten.

DAS ZIEL

Keine Zwangsheirat im Kindesalter

Die Zwangsverheiratung betrifft auch im Jahr 2020 noch viele Mädchen in Afrika. In Malawi wurde 2015 jedes zweite Mädchen vor ihrem 18. Geburtstag zwangsverheiratet. Aber Kinderehen sind ein Problem, das es weltweit gibt. Zwar erleiden überwiegend Mädchen dieses Schicksal, aber es gibt auch Jungen, die zwangsverheiratet werden.

Die Gründe sind unterschiedlich: Oft versuchen Familien, ihre Kinder zu verheiraten, um ihre gesellschaftliche oder wirtschaftliche Lage zu verbessern. In manchen Kulturen zahlt der Ehemann der Brautfamilie ein »Ablösegeld«: Je älter das Mädchen ist, desto niedriger der Brautpreis – deshalb verheiraten manche Familien ihre Tochter so früh wie möglich. Eine besondere Bedeutung wird in vielen Kulturen außerdem der Jungfräulichkeit der Braut beigemessen: Wenn ein Mädchen sehr jung verheiratet wird, kann der Mann sich ziemlich sicher sein, dass es vor ihm noch mit keinem anderen geschlafen hat.
Leben Menschen fern von ihrer Heimat, gibt es oft noch einen weiteren Grund: In manchen Migrantenfamilien soll solch eine erzwungene Ehe von zwei Personen gleicher Herkunft sicherstellen, dass auch im fremden Land die eigene Kultur und Identität bewahrt werden.

KINDEREHEN WELTWEIT:

Rund 21 Prozent *der Frauen weltweit wurden vor ihrem* ***18. Geburtstag*** *verheiratet.*

Insgesamt gibt es rund 765 Millionen minderjährig **verheiratete Eheleute.** Davon sind etwa **115 Millionen Jungen.**

Jede fünfte Frau *auf der Welt wird minderjährig verheiratet.*

GESTERN UND MORGEN:

Dank der Arbeit von UNICEF und anderen Institutionen konnten in den letzten zehn Jahren **25 Millionen** Kinderehen verhindert werden.

Bis 2030 könnten weitere ***150 Millionen Mädchen zwangsverheiratet*** *werden, wenn die Aufklärungsarbeit nicht verstärkt wird.*

Kinderehen **_sind fast überall verboten,_** *dennoch werden jeden Tag* **33.000 Zwangsehen** *geschlossen – überall auf der Welt,* **_quer durch alle Länder, Kulturen, Religionen und Ethnien._**

Auf dem afrikanischen Kontinent werden weltweit die meisten Kinderehen geschlossen. **Der asiatische** Kontinent steht an **_zweiter Stelle._**

Kinder aus armen Familien *werden häufiger zur Kinderehe* **gezwungen.** *Innerhalb eines Landes werden mehr Kinder aus* ***ländlichen Regionen*** *als aus städtischen Gebieten zwangsverheiratet.*

Länder, in denen Kinderehen weit verbreitet sind:

Indien, Bangladesch, Nigeria, Brasilien, Äthiopien

Was kann man **gegen Kinderehen** *tun* **?**

VERBESSERUNG der Schulbildung für Mädchen

PRÄVENTION durch Sexualaufklärung der Mädchen

AUFKLÄRUNG der Eltern und Gemeinschaften über die Konsequenzen von Kinderehen

UNTERSTÜTZUNG der Mädchen in ihrer Lebensplanung und der jungen Ehefrauen bei der Familienplanung

FÖRDERUNG der Familien durch finanzielle Zuwendungen

STÄRKUNG zur Durchsetzung eines gesetzlichen Mindestheiratsalters

Zahlen von UNICEF und UNFPA

Eine 15-jährige Mutter mit ihrem Baby in Malawi

Mehr Rechte für LGBTQ+

JAZZ JENNINGS

WIE ALLES BEGINNT

Jaron Jennings aus Florida, USA, ist noch sehr jung, als ihm seine weibliche Identität bewusst wird. Oder besser gesagt: Als er es zum ersten Mal äußert. »Ich bin ein Mädchen, ich fühle mich wie ein Mädchen, und so möchte ich meinen Körper leben.« Jaron ist als Junge geboren, er hat den Körper eines Jungen.

Unsere Existenz ist von Anfang an geschlechterbezogen: Schon Kleinkinder erhalten oft unterschiedliche Spielsachen, je nachdem, ob sie ein Junge oder ein Mädchen sind. Und diese geschlechterbezogene Ansprache zieht sich durch unser gesamtes Leben, in der Familie, in der Schule, im Studium, bei der Arbeit ... Die Gesellschaft steckt uns ab der Geburt in unterschiedliche Schubladen, je nachdem, ob wir den Körper eines Jungen oder eines Mädchens haben. Manche Kinder jedoch fühlen sich keinem bestimmten Geschlecht oder eher dem anderen Geschlecht zugehörig. »Geschlecht« definieren wir in diesem Fall als die Gesamtheit aller sozialen und kulturellen Vorstellungen und Erwartungen, die einem biologischen Geschlecht zugeschrieben werden und somit als Bezeichnung all dessen, was die Gesellschaft als soziale Bilder um eine Frau oder einen Mann herumkonstruiert.
Im falschen Körper fühlt sich auch Jaron Jennings, der beschließt, sich künftig Jazz zu nennen. Im Alter von sieben Jahren tritt Jazz 2007 in einer Fernsehsendung auf, um über ihre Gefühle angesichts ihrer weiblichen Identität zu sprechen. Dank ihrer Eloquenz wird Jazz Jennings bald zu einer Persönlichkeit des öffentlichen Lebens und zum Vorbild für viele. Sie ist die Erste in den USA, die von klein auf offen über ihr Leben als Transgender spricht. Bereits 2007 gründet sie zusammen mit ihren Eltern einen Verein, die »TransKids Purple Rainbow Foundation«, um transsexuelle Kindern zu unterstützen und zu begleiten.

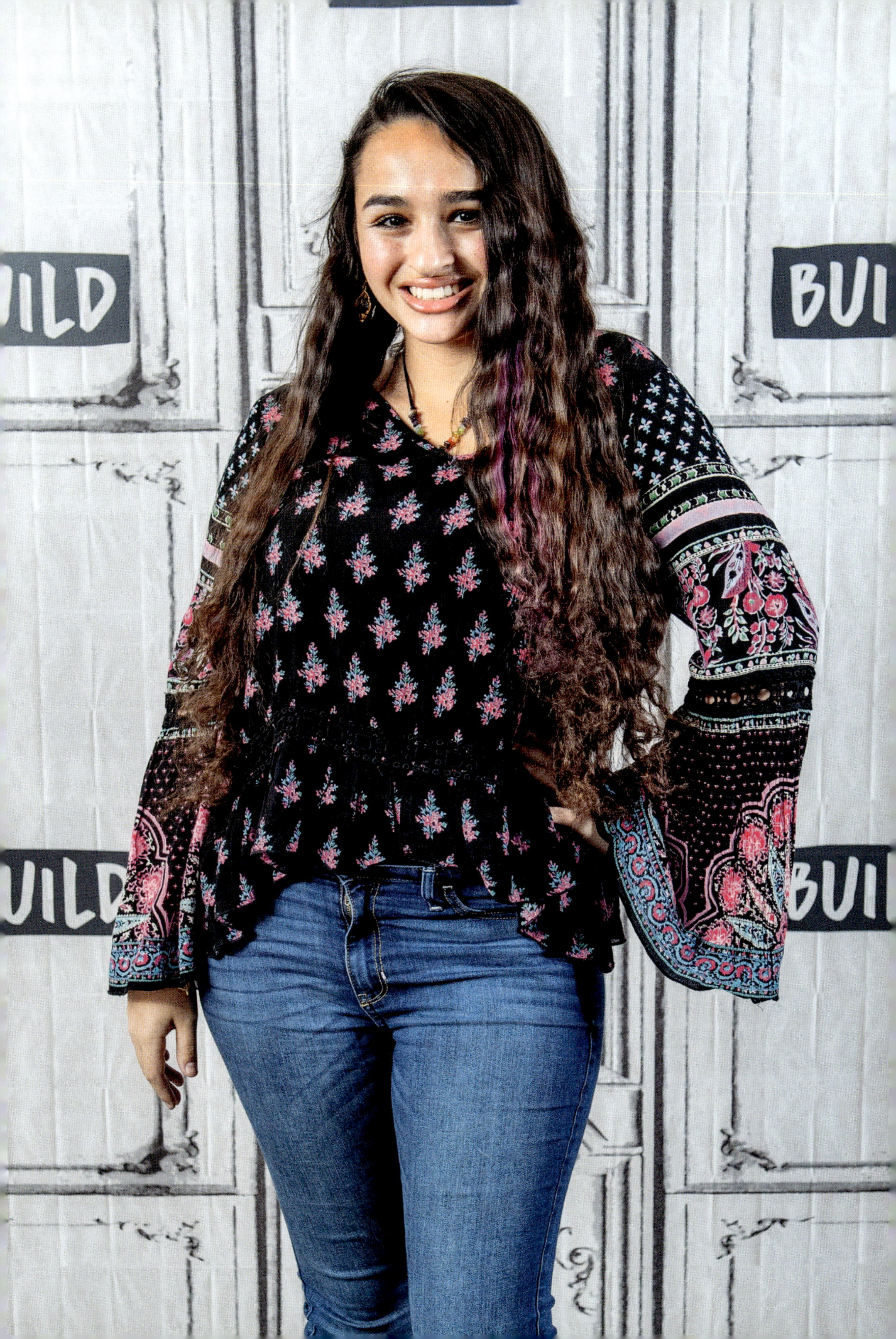

Als Teenager beginnt Jazz eine Hormonbehandlung, um in der Pubertät die Entwicklung der männlichen Geschlechtsmerkmale wie Bartwuchs, Aufbau von Muskelmasse und Stimmbruch zu stoppen. Ihr Heranwachsen als transsexuelles Kind und Jugendliche wird medial intensiv begleitet, sodass Jazz schon früh einer breiten Öffentlichkeit bekannt ist. Zunächst dreht sie eine Reihe von YouTube-Videos mit dem Titel *I am Jazz*, in denen sie ihre Geschichte erzählt. 2015 startet eine gleichnamige Fernsehserie, in der ihr Alltag als transsexueller Teenager nachgezeichnet wird. Die logische Vollendung von Jazz' Reise ist die geschlechtsangleichende Operation, auf die sie schon so lange gewartet hat. Im Juni 2018 ist es endlich so weit, und die Operation ist ein Erfolg. »Dies ist der schönste Tag meines Lebens«, verkündet Jazz.

Jazz und ihre Eltern anlässlich der Benefizgala des Ackerman-Instituts »A Night of a 1000 genders« (Nacht der 1000 Geschlechter) am 23. Mai 2015 in New York. Bei der Gala wird Geld zur Unterstützung von Transgender-Kindern und ihren Familien gesammelt.

Vornome: **Jazz**

Nachname: **Jennings**

Geboren: **2000**

Land: **USA**

Instagram: **jazzjennings_**

Twitter: **@JazzJennings_**

YouTube: **JazzJennings22**

Mehr Rechte für LGBTQ+

PORTRÄT

Jazz ist eine selbstbewusste junge Frau, die schon als Kind einen ausgeprägten Willen hatte. Nicht nur ihre Geschichte ist außergewöhnlich, sondern auch deren Dokumentation: Seit Jazz' siebtem Lebensjahr, als sie einer breiteren Öffentlichkeit bekannt wurde, bis heute, wenige Jahre nach ihrer Operation, ist jeder von Jazz' Schritten dokumentiert worden. Man konnte alles mitverfolgen: die Herausforderungen, die Probleme und Hürden, mit denen ein Transgender-Jugendlicher konfrontiert ist. Die mediale Dokumentation von Jazz' Geschichte ist sehr »amerikanisch«, fast wie eine Soap Opera, was in diesem Fall durchaus etwas Positives ist. Indem die Sendung Jazz' Geschichte »trivialisiert«, bringt sie ihr Schicksal vielen Menschen näher, die sich bisher sicherlich wenig oder überhaupt nicht mit diesem Thema befasst hatten. Denn das Leben von Transsexuellen ist nach wie vor keineswegs leicht, noch immer reagieren viele Menschen mit heftiger Ablehnung, und Jazz und ihre Familie werden regelmäßig kritisiert oder angegriffen. Gerade wegen ihrer Offenheit ist Jazz daher für viele ein Vorbild, und das ist an sich schon ein großer Fortschritt.

DAS ZIEL

Mehr Rechte für LGBTQ+

Jazz Jennings ist streng genommen keine richtige Aktivistin, aber durch ihre persönliche Geschichte ist sie für viele Menschen zu einem Vorbild geworden – und auf diese Weise vielleicht doch zu einer Wegbereiterin der LGBTQ+-Bewegung.

Wovon ist überhaupt die Rede, wenn man von LGBT, LGBTQ oder LGBTQ+ spricht? Es handelt sich um Abkürzungen für die Bewegung von Schwulen und Lesben, Bisexuellen und Transgender (also Menschen, die sich nicht oder kaum mit dem Geschlecht identifizieren, mit dem sie geboren wurden). Das Q steht für Queer (Menschen, die sich weder mit der heterosexuellen Sexualität noch mit einem bestimmten Geschlecht identifizieren können). Und unter dem Plus am Ende werden weitere Gruppen oder Personen zusammengefasst, wie z. B. Asexuelle (also Personen ohne eine sexuelle Anziehung oder Orientierung) oder intersexuelle Menschen, die mit Geschlechtsmerkmalen geboren wurden, die nicht der binären Definition von männlich oder weiblich entsprechen. All diese Formen, die eigene Sexualität zu definieren und frei über seinen Körper zu bestimmen, werden in einigen Ländern abgelehnt oder sogar bestraft. Das Engagement für die Rechte der LGBTQ+ soll diesen Menschen endlich die ihnen zustehende gesellschaftliche Anerkennung und rechtliche Gleichstellung verschaffen.
Der Kampf für die Gleichstellung der LGBTQ+ gewinnt in unserer Gesellschaft immer mehr an Bedeutung und wird das 21. Jahrhundert sicherlich maßgeblich prägen.

In 74 Ländern droht Homosexuellen, Bisexuellen und Transgender wegen ihrer sexuellen Orientierung

Gefängnis, Folter oder Zwangsarbeit

(dazu gehören Kamerun, Ägypten, Kenia, Indien, Jamaika und Papua-Neuguinea) und in elf Ländern sogar die Todesstrafe (u. a. in Saudi-Arabien, Katar, Pakistan, Afghanistan, Sudan und im Jemen).

Ehe für alle?

In einigen Ländern können zwei Personen des gleichen Geschlechts heiraten. Die Paare sind dann rechtlich mit heterosexuellen Paaren gleichgestellt. Dieses Recht auf Eheschließung nennt man auch »Ehe für alle«.

Momentan kann man in 28 Ländern auf der Welt eine gleichgeschlechtliche Ehe schließen. Dazu gehören 16 Länder in Europa, sechs in Süd- und Mittelamerika, die USA, Australien und Neuseeland, Südafrika als einziges Land in Afrika und Taiwan als einziges Land in Asien.

Dieses Recht gibt es noch nicht lange: Die Niederlande waren das erste Land, das 2001 die gleichgeschlechtliche Ehe zuließ. In Deutschland können Paare des gleichen Geschlechts seit dem 1. Oktober 2017 heiraten, in Österreich seit dem 1. Januar 2019.

Mehr Rechte für LGBTQ+ – ein steiniger Weg

- 1948: In der Allgemeinen Erklärung der Menschenrechte, die von der Generalversammlung der Vereinten Nationen in Paris verabschiedet wird, wird die sexuelle Orientierung nicht als Menschenrecht erwähnt.

- 1990 streicht die Weltgesundheitsorganisation (WHO) Homosexualität von der Liste der Krankheiten; bis dahin galt sie als psychische Störung.

- 2001: Die Niederlande sind das erste Land der Welt, das die gleichgeschlechtliche Ehe legalisiert.

- 18.12.2008: Erklärung und Gegenerklärung in der UN-Vollversammlung – 66 Staaten unterzeichnen die Erklärung gegen die Diskriminierung von Menschen aufgrund ihrer sexuellen Orientierung. 57 Staaten lehnen diese Erklärung ab und unterzeichnen eine Gegenerklärung.

- 17.6.2011: Der UN-Menschenrechtsrat verabschiedet zum ersten Mal eine Resolution gegen die Diskriminierung sexueller Minderheiten.

- 2018 streicht die WHO Transsexualität von der Liste der Krankheiten; bis dahin galt sie als psychische Störung.

In vielen Ländern wird Transsexuellen *das Recht verweigert,* ***ihre geschlechtliche Identität*** *zu ändern.*

Nur in gut einem Drittel **aller Staaten gibt es Gesetze,** die Lesben, Schwule oder Transsexuelle umfassend **vor Diskriminierung schützen.**

IN EINEM ANDEREN DRITTEL DER STAATEN WERDEN EINVERNEHMLICHE HOMOSEXUELLE HANDLUNGEN ALS VERBRECHEN EINGESTUFT.

Der 17. Mai ist der Internationale Tag gegen ***Homo-, Bi-, Inter- und Transphobie (IDAHOBIT).*** Er wird seit 2005 begangen.

Zwischen Oktober 2006 und September 2018 wurden weltweit **2705 Transgender** *aufgrund ihrer sexuellen Orientierung* ***getötet.***

TACO
ESCOBARR

Die Bewohner von Portland, Maine, mit einer riesigen Regenbogenflagge auf der jährlich stattfindenden Gay Pride Parade.

Kampf für strengere Waffengesetze

EMMA GONZÁLEZ

WIE ALLES BEGINNT

Am 14. Februar 2018 sitzt die 18-jährige Emma González in der Aula ihrer Schule, der Marjory Stoneman Douglas High School in Parkland, Florida, als der Feueralarm losgeht. »Schon wieder eine Übung?«, wundert sie sich. Dann gibt es einen lauten Knall. Und einen zweiten. Ihr Lehrer fordert die Klasse auf, die Lichter auszuschalten, sich auf den Boden zu legen und Ruhe zu bewahren. Qualvolle, lange Minuten liegen alle still im Dunkeln.

Nikolas Cruz, 19 Jahre alt, ist ein ehemaliger Schüler des Gymnasiums. Er ist vor einiger Zeit wegen Gewalttätigkeit von der Schule verwiesen worden und hat nun einen furchtbaren Plan gefasst. Als Nikolas das Schulgebäude betritt, hat er ein halbautomatisches Sturmgewehr bei sich und schießt auf alles, was ihm vor den Lauf kommt. Er tötet 17 Menschen – 14 SchülerInnen und drei Lehrer – und verletzt 15 weitere. Danach verlässt er im allgemeinen Chaos unbemerkt das Schulgebäude und wird erst eine Stunde später von der Polizei verhaftet.

Ganz Amerika steht unter Schock. Emma González und ihre MitschülerInnen sind von dem schrecklichen Ereignis schwer gezeichnet. Drei Tage später spricht Emma auf einer Demonstration gegen Schusswaffen im nahe gelegenen Fort Lauderdale. Die Anspannung der Anwesenden ist deutlich spürbar. Emma tritt vor das Mikrofon. Sie spricht ruhig und beherrscht, immer wieder wischt sie sich die Tränen aus den Augen, in ihrer Stimme liegt kalte Wut: »Wenn der Präsident mir sagen möchte, dass die Schüsse in Parkland nur eine fürchterliche Tragödie waren, würde ich ihn fragen, wie viel Geld er von der National Rifle Association bekommen hat. Aber wisst ihr was? Ich weiß es schon. Es waren 30 Millionen Dollar! Jedes Opfer von Waffengewalt

THESE VIOLENT DELIGHTS
VIOLENT ENDS
I Will Vote
WE CALL BS.
EIGHTEEN
18

in den USA in den ersten sechs Wochen des Jahres 2018 war also 5800 Dollar wert.«
Tatsächlich hat Donald Trump für seinen Präsidentschaftswahlkampf 2016 eine beachtliche finanzielle Unterstützung der Waffenlobby NRA erhalten. Emma sagt auch: »Seitdem unsere Gründerväter den zweiten Zusatz zu unserer Verfassung unterzeichneten, haben sich die Schusswaffen technisch dermaßen weiterentwickelt, dass mir schwindelig wird. Die Schusswaffen haben sich verändert, aber unsere Gesetze nicht. (...) Wir sind die Kids, über die ihr in den Schulbüchern lesen werdet. Aber nicht, weil wir Teil einer weiteren Statistik über Amokläufe in den USA sein werden, sondern weil wir die Gesetze ändern werden!«
Emma González richtet sich an den Präsidenten, sie findet die passenden Worte und den richtigen Ton, um ihre Rede in ein politisches Manifest zu verwandeln. »Die Verantwortlichen in der Regierung, die gewählt worden sind, belügen uns. (...) Sie sagen, dass strengere Schusswaffengesetze Waffengewalt nicht verhindern werden. Wir sagen: Bullshit! Sie sagen, ein guter Mensch mit einer Pistole kann einen bösen Menschen mit einer Pistole stoppen. Wir sagen: Bullshit! (...) Sie sagen, dass wir Jugendlichen nicht wissen, wovon wir sprechen, dass wir zu jung sind, um zu verstehen, wie Regieren funktioniert. Wir sagen: Bullshit!«
Emmas kraftvolle Rede fesselt nicht nur die ZuhörerInnen in Fort Lauderdale, sondern Millionen von Menschen auf der ganzen Welt, die das Video ihrer Rede kurz danach online anschauen.

»Die Schusswaffen haben sich verändert, aber unsere Gesetze nicht.«

WIE ES WEITERGEHT

Am 24. März 2018 nehmen mehr als 1 Million Menschen am Protestmarsch »March for our lives« in Washington D.C. und in anderen amerikanischen Städten teil. Auch anderswo auf der Welt finden an diesem Tag Protestmärsche statt. Allein in Washington D.C. demonstrieren Hunderttausende von Jugendlichen, Eltern und LehrerInnen gegen die viel zu laxen Waffengesetze und den Einfluss der Waffenlobby auf die Politik.
Emma und ihre MitschülerInnen, die den Verein »Never Again MSD« (»Nie wieder Marjory Stoneman Douglas High School«) gegründet haben, gehören zu den MitorganisatorInnen.
Emma hält die Abschlussrede. In ihrer zerrissenen Jeans, der grünen, mit Aufnähern bedeckten Bomberjacke und ihrem fast kahl rasierten Kopf ist sie eine markante Erscheinung.
»Innerhalb von sechs Minuten wurden uns 17 Freunde genommen, 15 weitere wurden verletzt und jeder, wirklich jeder Einzelne unserer Schulgemeinde ist nicht mehr derselbe.« Unter Tränen nennt Emma die Namen aller 17 Toten, bevor sie plötzlich verstummt. Sie schweigt. Minutenlang. Ein scheinbar endloser, schwer erträglicher Moment der Stille. Emma blickt starr auf die Menschenmenge. Schließlich klingelt ihr kleiner Wecker und sie spricht weiter. »Seit ich die Bühne betreten habe, sind sechs Minuten und 20 Sekunden vergangen. Eben hat der Schütze aufgehört zu schießen und mischt sich nun unter die flüchtenden Schüler. Vor seiner Verhaftung verbringt er noch eine Stunde in Freiheit. Kämpft für euer Leben, bevor es jemand anderes tun muss!«
Aus der Schülerin Emma ist die Aktivistin Emma geworden. Seit dem Schulmassaker von Parkland ist sie eines der bekanntesten Gesichter der amerikanischen Protestbewegung, die sich für strengere Waffengesetze engagiert.

Vorname: **Emma**

Nachname: **González**

Geboren: **1999**

Land: **USA**

Twitter: **@Emma4Change**

Kampf für strengere Waffengesetze

PORTRÄT

Emma Gonzálezʼ äußere Erscheinung sagt einiges über ihren Charakter aus: fast kahl rasierter Kopf und zerrissene Hosen. Emma macht keine Zugeständnisse und gibt wenig auf Normen. Durch ihre Herkunft – Emmas Vater ist Kubaner, ihre Mutter Amerikanerin – gehört sie einer Bevölkerungsgruppe an, die in den USA nicht voll integriert ist. Emma steht offen zu ihrer Bisexualität und schert sich nicht darum, dass sie anders aussieht und nicht dem Durchschnitt entspricht. In einer so stark angepassten Gesellschaft wie der amerikanischen erfordert das einiges an Willenskraft. (Sie hat sogar eine PowerPoint-Präsentation erstellt, um ihre Eltern von den Vorteilen eines rasierten Schädels zu überzeugen!)
Emma hat sich auch schon vorher politisch engagiert: An der Highschool war sie die Vorsitzende der Gay-Straight-Alliance, die sich für die Rechte der LGBTQ+ einsetzt (lies auch nach bei Jazz Jennings S. 112 ff).

Tausende DemonstrantInnen sind in Washington zusammengekommen, um gegen Waffengewalt zu protestieren.

Nie wieder!

Emma González ist eine der WortführerInnen der Bewegung »Never Again«. Aus der Protestbewegung nach dem Parkland-Massaker hervorgegangen, engagieren sich in »Never Again« Jugendliche und Studierende, die das Waffenrecht in den USA verändern möchten.

Einen Teilerfolg haben sie seitdem erzielt: Im März 2018 hat der Bundesstaat Florida das sogenannte Marjory-Stoneman-Douglas-High-School-Öffentliche-Sicherheit-Gesetz verabschiedet, das den Verkauf von Waffen an unter 21-Jährige verbietet und Wartezeiten und Sicherheitsüberprüfungen vorschreibt. Andererseits ermöglicht dieses Gesetz aber auch, dass sich manche LehrerInnen an den Schulen bewaffnen dürfen, was das Never-Again-Kollektiv entschieden ablehnt. Die US-Waffenlobby NRA hat daraufhin unter Berufung auf den zweiten Zusatzartikel zur amerikanischen Verfassung einen Rechtsbehelf eingelegt, um dieses Gesetz zu blockieren, und den Bundesstaat Florida verklagt.

DAS ZIEL

Verschärfung der Waffengesetze

Der zweite Zusatzartikel zur Verfassung der Vereinigten Staaten von 1791 sichert jedem und jeder amerikanischen BürgerIn das Recht zu, eine Schusswaffe zu besitzen.

Der Artikel stammt aus einer anderen Zeit: Die Vereinigten Staaten waren erst 15 Jahre zuvor gegründet worden – eine junge Föderation von Bundesstaaten, die durch zahlreiche bewaffnete Konflikte und selbstorganisierte Bürgerwehren, sogenannte Milizen, geprägt war. Ein Gewehr war damals schon deshalb wichtig, weil keine moderne Staatsgewalt existierte: Eine richtige Polizei gab es nicht, eine echte Strafverfolgung ebenso wenig.

Seitdem hat sich die Situation völlig verändert. Die USA sind schon lange ein Rechtsstaat, trotzdem ist der zweite Verfassungszusatz wortgleich erhalten geblieben.

Ausgelöst durch das Massaker in Parkland mobilisieren Emma González und ihre MitstreiterInnen mit ihrer Protestbewegung March for Our Lives die Öffentlichkeit unermüdlich gegen die zu lockeren Waffengesetze. Und tatsächlich kommt es allmählich zu einem Umdenken: 77 Prozent der Amerikaner sind mittlerweile dafür, dass ein Waffenschein verpflichtend sein sollte, um eine Waffe zu besitzen. Und 68 Prozent der Amerikaner, die bereits eine Waffe besitzen, plädieren ebenfalls dafür.

Die Ereignisse der jüngsten Zeit beweisen, wie bitter nötig ein streng geregelter Verkauf von Waffen für den gesellschaftlichen Frieden in den USA ist: Übermäßige Polizeigewalt, Schießereien, viele Verletzte und Tote bei den Krawallen und Rassenunruhen im Jahr 2020 haben die amerikanische Gesellschaft stärker denn je in Befürworter und Kritiker des Waffenrechts gespalten. Der »Friedensplan für ein sicheres Amerika«, den Emma und ihre MitstreiterInnen einfordern, scheint zurzeit kaum zu realisieren.

Ein Junge am Schießstand auf dem Jahrestreffen der National Rifle Association (NRA).

In den USA gibt es zwischen

265 und 393 Millionen Schusswaffen in Privatbesitz.

40 Prozent *der US-Amerikaner besitzen eine, meistens mehrere Schusswaffen.*

Pro Tag werden

317

Personen

durch Schusswaffen verletzt.

2017 kamen in den USA

39.773

Menschen durch Schusswaffen zu Tode

(die Mehrheit durch Selbstmord).

116.000

Menschen wurden verletzt.

Im Durchschnitt kommt es in den USA alle 16 Tage

zu einem Massenmord

(mit mehr als vier Todesopfern),

oftmals an Schulen.

Eine neue Generation kämpft für strengere Waffengesetze in den USA. Die Jugendlichen zeichnen sich durch Entschlossenheit, rhetorisches Talent und gute Kommunikationsfähigkeit aus. Dafür bedienen sie sich geschickt der sozialen Medien, die sie souverän beherrschen.

Auf Emma González und ihre MitstreiterInnen treffen alle diese Eigenschaften zu. Emma spricht klug und kraftvoll, versteht es, Emotionen hervorzurufen und zugleich an die Vernunft der Menschen zu appellieren. (Was generell ein gutes Rezept in der Politik sein könnte). Mit ihrem Ansatz öffnet sie neue Wege für dieses komplexe und hochpolitische Thema: Der Waffenbesitz wird von vielen Amerikanern als grundlegendes *Recht* angesehen, das ihrer Meinung nach durch die Verfassung geschützt ist. Dieses »Recht« schränkt aber für viele eine *Grundfreiheit* ein: die Freiheit, in einem Land zu leben, ohne ständig um das eigene Leben fürchten zu müssen.

Indem die Jugendlichen den Kern des Problems frontal angehen – nämlich den ungeheuren Einfluss der Waffenlobby in den USA, auch auf die Regierung –, könnte diese neue Bewegung da Erfolg haben, wo bisher Tausende von AktivistInnen jahrzehntelang gescheitert sind.

DIE STORY

Nach dem Schulmassaker von Parkland eröffnet Emma González einen Twitter-Account, um mit ihren Forderungen eine breite Öffentlichkeit zu erreichen. Innerhalb weniger Tage folgen ihr zahlreiche Menschen auf der ganzen Welt, und nach einer Woche übertrifft die Anzahl ihrer Follower die des Twitter-Accounts der US-Waffenlobby NRA, die um die 850.000 Follower hat. Aktuell verfolgen 1,5 Millionen Menschen Emmas Tweets.

1,5 Millionen Follower

Salt Cay
Turks and Caicos Islands

Tausende von Menschen demonstrieren beim Protestmarsch March for our Lives in der amerikanischen Hauptstadt Washington D. C.

Kampf gegen die Unterdrückung durch China

JOSHUA WONG

WIE ALLES BEGINNT

September 2012. Es regnet in Strömen. Kleider und Zelte sind durchnässt. Die Studierenden und SchülerInnen, die gegen die Lehrplanänderung protestieren, die China Hongkong auferlegen möchte, okkupieren seit mehreren Tagen den Platz vor dem Regierungssitz.

Keiner hört ihnen zu, kein Mitglied der Regierung will sie empfangen. Joshua Wong, der seit dem ersten Tag an dem Protest teilnimmt, ist deprimiert. Am liebsten würde er aufgeben, beschließt dann aber doch, mit seinen wenigen MitstreiterInnen auszuharren, bis der Regierungschef der Sonderverwaltungszone Hongkong sie empfängt. Ein paar Tage später ist es endlich so weit. Zwar endet die Unterhaltung ohne Ergebnis, aber die Zahl der Demonstranten nimmt stetig zu. Ihr Druck wird so groß, dass der Regierungschef schließlich nachgibt: Die Änderung des Lehrplans und das neue Fach »Moralische und Nationale Erziehung« sollen nun doch nicht verpflichtend an den Schulen eingeführt werden. Joshua Wong und seine Freunde haben gewonnen. Begonnen hat das Ganze einige Monate zuvor. Joshua Wong verteilt Flugblätter auf der Straße. Er ist in Begleitung von zwei Freunden. Eine solche Aktion ist nicht üblich in Hongkong, und es gehört viel Mut dazu, um sich so in der Öffentlichkeit zu positionieren. Aber Joshua ist davon überzeugt, dass die neuen Lerninhalte ein Skandal sind: Sie schreiben die Geschichte um, fordern die Liebe zu China per Dekret ein. Diese Bevormundung durch die chinesische Regierung muss unbedingt verhindert werden.

Es ist der Beginn eines ungleichen Kampfes mit ungewissem Ausgang, und die jüngsten Entwicklungen in Hongkong sind besorgniserregend. Aber Joshua beweist, dass ein Fünfzehnjähriger, ausgestattet mit einem beeindruckenden Willen und der Unterstützung einiger MitstreiterInnen, ein ganzes politisches System herausfordern kann.

Dieser einmalige Sieg ändert allerdings nichts am Kern des Problems: Chinas wachsende Einflussnahme in Hongkong. 2014 weiten sich die Proteste aus und richten sich nun gegen alle Freiheitsbeschränkungen, die die chinesische Regierung der Sonderverwaltungszone Hongkong auferlegen will. Es ist der Beginn eines Massenprotests, der »Regenschirm-Bewegung«. Der Name bezieht sich auf die Regenschirme, mit denen sich die Demonstranten vor dem Pfefferspray schützen, das die Polizei immer wieder einsetzt. Teilweise nehmen zwischen 80.000 und 100.000 Menschen an den Protesten teil.
Ihre zentralen Forderungen sind der Schutz der Demokratie und freie Wahlen. Denn seit Hongkong 1997 wieder an China zurückgegeben wurde, wird der Regierungschef der Sonderverwaltungszone Hongkong von der chinesischen Regierung ernannt. Die Entscheidung des chinesischen Präsidenten, dass die Bürger von Hongkong bei den nächsten Wahlen 2017 ihren Regierungschef frei wählen dürfen, aber nur aus einer Auswahl von KandidatInnen, die die chinesische Regierung bestimmt, empfinden viele Menschen als Provokation.

Die Ereignisse eskalieren: Am 26. September 2014 demonstrieren Zehntausende von Menschen friedlich vor den Regierungsgebäuden. Anführer sind Joshua Wong und der Juraprofessor Benny Tai, Joshuas FreundInnen Agnes Chow und Nathan Law sowie andere AktivistInnen. Als einige der DemonstrantInnen den abgesperrten »Civic Square«, einen Platz direkt neben dem Regierungsgebäude, besetzen wollen, greift die Polizei brutal ein und verhaftet mehrere von ihnen, darunter auch Joshua. Die Fotos von seiner Verhaftung gehen um die Welt. In den nächsten Monaten führen die AktivistInnen die Proteste trotzdem fort. Joshua, Agnes und Nathan Law werden mehrfach verhaftet.

Im April 2016 gründen sie die Partei Demosistō, um sich politisch für die Selbstbestimmung Hongkongs engagieren zu können. Aber ihre KandidatInnen werden nicht zu den Wahlen zugelassen, denn ihr Ziel, die Unabhängigkeit Hongkongs, »verstößt gegen das geltende Gesetz«.

2019/20 kommt es zu weiteren Massenprotesten gegen ein geplantes Gesetz, das China faktisch weitreichenden Einfluss in Hong-

»Freitag für Freiheit: Befreit Hongkong!«

kong gewähren soll: Das Gesetz zum Schutz der Nationalen Sicherheit, das am 30. Juni 2020 in Kraft tritt, verbietet »Verrat und Aufstand«. Dazu zählt z. B. auch das Engagement für die Unabhängigkeit Hongkongs. Wer gegen das Sicherheitsgesetz verstößt, kann verhaftet und sofort auf das chinesische Festland gebracht werden. Joshua und seine MitstreiterInnen befinden sich seither in großer Gefahr. Zahlreiche AktivistInnen werden sofort festgenommen, andere versuchen ins Ausland zu fliehen. Joshua bleibt in seiner Heimatstadt, aber er fürchtet, jederzeit verhaftet zu werden. Unterkriegen lässt er sich nicht: Kurz nachdem das neue Gesetz erlassen worden ist, twittert er: »Freitag für Freiheit: Befreit Hongkong!«

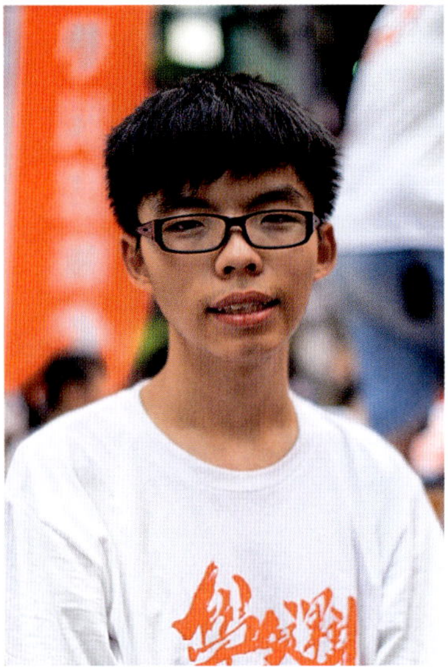

Vorname: **Joshua**

Nachname: **Wong**

Geboren: **1996**

Land: **China (Hongkong)**

Twitter: **@joshuawongcf**

Instagram: **joshua1013**

Kampf gegen die Unterdrückung durch China

PORTRÄT

Joshuas Eltern sind gläubige Protestanten, die ihn im Bewusstsein gesellschaftlicher Ungerechtigkeiten erziehen. Bereits als kleiner Junge nimmt er in Hongkong an den Gedenkmärschen zum Tian'anmen-Massaker teil, das 1989 in Peking geschah.
Joshua geht auf eine private, christliche Mittelschule, das United Christian College in Kowloon, er engagiert sich auch in verschiedenen christlichen Gruppen. Bald schon fällt der ernste, fleißige Junge durch sein rhetorisches Talent auf. An der Open University of Hong Kong, wo Joshua Politikwissenschaften studiert, lernt er viele seiner politischen MitstreiterInnen kennen, mit denen er die Proteste gegen die zunehmende Einflussnahme der chinesischen Zentralregierung organisiert. Joshua sagt, dass ihn sein Glaube darin stützt, für bessere Verhältnisse auf der Erde zu kämpfen. Besonders wichtig ist für ihn der Begriff von Freiheit. »Ich träume davon, dass die Menschen in Hongkong selbst entscheiden, wie sie leben wollen, und dass sie an etwas anderes als an Auswanderung denken können«, hat Joshua gegenüber der Zeitung *Le Monde* im Januar 2019 gesagt.

Demonstration der »Regenschirm-Bewegung« 2014 in Hongkong.

平反六四

DAS ZIEL

Abgrenzung gegen das chinesische Imperium

Man muss in der Zeit zurückgehen, um zu verstehen, was im Kampf von Joshua Wong und seinen MitstreiterInnen auf dem Spiel steht. Am 30. Juni 1997 wurde Hongkong, das seit 1842 britische Kronkolonie gewesen war, wieder an China zurückgegeben.

Die gemeinsame chinesisch-britische Erklärung garantiert Hongkong 50 Jahre lang einen Sonderstatus als chinesische Sonderverwaltungszone. Gemäß dem Grundsatz »Ein Land, zwei Systeme« darf es bis 2047 sein liberal-kapitalistisches Wirtschaftssystem, sein Rechtssystem und seine eigene Währung, den Hongkong-Dollar, beibehalten. Hongkong ist eine extrem kosmopolitische Stadt, hier leben und arbeiten Tausende BritInnen, JapanerInnen, AmerikanerInnen, KanadierInnen und Angehörige anderer Nationen, die meisten in multinationalen Konzernen. In der Stadt gibt es zwei Amtssprachen, Kantonesisch und Englisch. Noch bis vor Kurzem war Hongkong nach New York und London das drittgrößte Finanzzentrum der Welt. Die Stadt ist eine der wichtigsten Schnittstellen des Welthandels: Im Hafen von Hongkong werden jährlich viele Millionen Container umgeschlagen. Daher war es für die chinesische Zentralregierung von großer strategischer Bedeutung, Hongkong als Territorium zurückzugewinnen. Gegenwärtig trachtet sie danach, ihren Einfluss auf die Sonderverwaltungszone so schnell wie möglich auszuweiten.
Das China von Xi Jinping ist ein Imperium auf Expansionskurs, außen- wie innenpolitisch. Widerspruch wird von der chinesischen Regierung nicht toleriert. Davon zeugen die wachsenden Zahlen politischer Gefangener. Wirtschaftlich gesehen liefern sich China und die USA seit 2018 einen unerbittlichen Handelskrieg, der gravierende Auswirkungen auf die Weltwirtschaft hat.

Auch in ihren übrigen Provinzen unterdrückt die Zentralregierung Chinas jeglichen Protest von Andersdenkenden. Das Recht auf freie Meinungsäußerung ist landesweit eingeschränkt. Der Internetzugang ist nicht frei. Insofern sind die Protestaktionen von Joshua Wong und Tausenden anderen, die sich gegen das Regime zur Wehr setzen, unglaublich mutig – denn sie wissen, dass sie Gefängnis und Folter riskieren. Viele politische Gefangene werden jahrelang festgehalten und »weggesperrt«. Auch ganze Volksgruppen werden zu Opfern dieser Unterdrückung: So wie die muslimischen Uiguren aus dem autonomen Gebiet Xinjiang, die wegen ihres Glaubens in sogenannte »Umerziehungslager« interniert werden.

Die jüngsten Ereignisse in Hongkong geben keinen Anlass zu Optimismus. Der Sonderstatus der Stadt ist bereits vor seinem vertraglichen Ende 2047 stark gefährdet. Und eines zeigen die anhaltenden Proteste deutlich: Der Grundsatz »Ein Land, zwei Systeme« ist gescheitert, denn Demokratie und ein autoritäres System passen nicht zusammen.

Hongkong:

Eines der **größten**
Finanzzentren
der Welt

2018: **Platz 3**
2020: **Platz 6**

7,5 Millionen
Einwohner

Fläche:
1110 km²

Volksrepublik China:

1,44 Milliarden
Einwohner

Fläche:
9.326.410 km²

Zweitgrößtes
Bruttoinlandsprodukt
der Welt

2019 waren weltweit **389** JournalistInnen und BürgerjournalistInnen inhaftiert.
120 von ihnen saßen in chinesischen Gefängnissen.

(Quelle: Reporter ohne Grenzen)

49
台視

Am 17. Juni 2019 wird Joshua Wong frühzeitig aus dem Gefängnis entlassen, wo er einen Monat lang in Haft saß. Hier spricht er direkt nach seiner Entlassung zu JournalistInnen und einer Menschenmenge, die gekommen ist, um ihn zu begrüßen. Unerschrocken fordert er den Rücktritt der Regierungschefin und die Freilassung aller politischen Gefangenen.

ZAMYSLENIE
SLEPOTA
KORUPCIA
protest
ROZUM
ZABUDNUTIE
NEOCHOTA

Kampf gegen Korruption

KAROLÍNA FARSKÁ

WIE ALLES BEGINNT

Februar 2017. Wieder ein Korruptionsskandal in der slowakischen Regierung. Die 18-jährige Schülerin Karolína Farská hat die immer gleichen Schlagzeilen in ihrem Land satt. Diesmal will sie etwas dagegen tun: Zusammen mit ihrem Schulfreund David Sarka schreibt sie einen Post auf Facebook, um ihre Empörung zum Ausdruck zu bringen. Ebenfalls via Facebook rufen die beiden kurze Zeit später dazu auf, in der slowakischen Hauptstadt Bratislava gegen die Korruption im Land zu demonstrieren.

Nach wenigen Tagen haben bereits 200 Unterstützer auf »Ich nehme teil« geklickt. Karolína freut sich über den Erfolg. In den nächsten Wochen nimmt die Aktion an Fahrt auf. Die Medien berichten von weiteren Skandalen – mehrere Regierungsmitglieder sollen Kontakte zu Personen unterhalten, die wegen Steuerhinterziehung angeklagt sind. Am 18. April gehen dann nicht einige Hundert Menschen auf die Straße, um zu demonstrieren, sondern mehrere Tausend! Karolína und David laufen mit einem großen Banner vorneweg. Sie sind vom Erfolg ihrer Aktion überwältigt.

Während der folgenden Monate werden die Demonstrationen fortgesetzt. Im Februar 2018 nimmt das Geschehen dann eine dramatische Wendung: Ján Kuciak, ein junger Enthüllungsjournalist, der über die Kontakte der slowakischen Regierung zur Mafia recherchierte, wird mit seiner Verlobten Martina Kušnírová in ihrem Wohnhaus erschossen. Die Slowakei steht unter Schock.

Zusammen mit anderen MitstreiterInnen gründet Karolína Farská die politische Bewegung »Für eine anständige Slowakei«. An den nächsten Demonstrationen nehmen Zehntausende SlowakInnen teil: Monatelang demonstrieren sie jeden Freitagabend für die Aufklärung des Mordes an Ján Kuciak und gegen Vetternwirtschaft und die Verquickung von Politik und Privatinteressen.

Der Druck der Bevölkerung zeigt Wirkung: Nacheinander treten die Regierungsmitglieder zurück: der Kulturminister, der Innenminister, der Polizeichef und schließlich der Premierminister. Was mit der Facebook-Aktion einer 18-jährigen Schülerin begonnen hat, findet seinen vorläufigen Abschluss mit dem Sturz der Regierung.

Im März 2019 wird der Geschäftsmann Marian Kočner als Auftraggeber des Mordes an Ján Kuciak und seiner Verlobten angeklagt. Und am 15. Juni wird eine neue Präsidentin vereidigt: Zuzana Čaputová, Anwältin und Umweltaktivistin, die an den Demonstrationen im März 2018 teilgenommen hatte. Sie steht für einen klaren Politikwandel.

Das sind Ereignisse, die Anlass zu Hoffnung geben. Aber es gibt auch Tiefschläge: Der mutmaßliche Auftraggeber des Mordes an Ján Kuciak wird Anfang September 2020 zur allgemeinen Überraschung wegen Beweismangels freigesprochen. Karolína und ihre MitstreiterInnen wissen: Es ist noch nichts gewonnen, die Korruption bleibt weiterhin ein großes Problem in der Slowakei.

Am 21. Februar 2019, dem ersten Jahrestag ihrer Ermordung, versammeln sich Tausende von Menschen in Bratislava zu einem Gedenkmarsch für Ján Kuciak und seine Verlobte Martina Kušnírová.

Vorname: **Karolína**

Nachname: **Farská**

Geboren: **1999**

Land: **Slowakei**

Kampf gegen Korruption

PORTRÄT

Karolína lebt in der Kleinstadt Dubnica nad Váhom, 140 Kilometer von Bratislava entfernt. Im Gegensatz zu ihren Eltern interessiert sie sich schon früh für Politik. Ihr politisches »Schlüsselerlebnis« ist eine Debatte im Parlament, die sie im Februar 2017 live verfolgt. Die Opposition hat einen Misstrauensantrag wegen Korruptionsverdachts gegen die Regierung gestellt. Doch die Regierung weist den Antrag wegen eines Formfehlers zurück – und vermeidet so jegliche Kontrolle. Wieder einmal. Karolína nennt das »die Arroganz der Macht«.
Ihre Eltern sind zuerst sehr dagegen, dass ihre Tochter sich politisch engagiert. Sie sagen ihr, es mache keinen Sinn, Dinge ändern zu wollen, die man nicht ändern könne. Aber inzwischen sind sie sehr stolz auf ihre Tochter, die durch ihre Aktion vieles in Bewegung gebracht hat. Heute existieren 52 Regionalgruppen von »Für eine anständige Slowakei«. Sie organisieren Debatten und versuchen die Jugendlichen stärker für Europa zu begeistern – laut Karolína eine der Grundbedingungen für eine korruptionsfreie Slowakei. Die jungen SlowakInnen sollen nicht an populistische Ideen und Fake News glauben, sondern sich engagieren, indem sie wählen gehen. Auf nationaler und auf europäischer Ebene.

DAS ZIEL

Keine Korruption mehr

1989 demonstrierten die SlowakInnen schon einmal für einen großen politischen Umschwung: Damals gehörte das Land noch zur kommunistisch regierten Tschechoslowakei.

Durch die »Samtene Revolution« stürzte die Bevölkerung die Regierung und leitete einen friedlichen politischen Wandel ein, der 1993 schließlich in die Trennung des Landes in zwei unabhängige Staaten mündete: Tschechien und Slowakei. Beide Länder traten 2004 der Europäischen Union bei. Heute hat die Slowakei mit einem massiven Korruptionsproblem in der Politik und der Wirtschaft zu kämpfen. Auch die Meinungs- und Pressefreiheit sind dadurch bedroht, der Doppelmord an Ján Kuciak und seiner Verlobten macht das deutlich.

Korruption ist ein globales Problem: Fast alle, wenn nicht sogar alle Länder sind davon betroffen. Laut den Vereinten Nationen hat die Korruption weitreichende Konsequenzen: Sie schwächt die demokratischen Institutionen und das Vertrauen der Menschen in ihre Regierungen. Korruption führt auch dazu, dass Gesetze weniger respektiert werden. Sie untergräbt den fairen Wettbewerb, vertieft soziale und finanzielle Unterschiede in der Bevölkerung und hemmt den Wohlstand.

Bei den Freitagabenddemonstrationen 2018 rasselten Tausende von DemonstrantInnen mit ihren Haustürschlüsseln: Das laute Schlüsselklimpern sollte den Regierenden sagen: »Geht nach Hause und öffnet die Türen für eine bessere Zukunft!«

Korruption – ist der Missbrauch eines öffentlichen Amtes oder einer Machtposition, um sich privat zu bereichern oder andere Vorteile zu erzielen.

Das Phänomen ist uralt:

»Bakschisch« (Geschenk),
»pot-de-vin« (Weinbecher),
»Schmiergeld« oder
»Fakelaki« (Umschlag) –

jedes Land hat einen eigenen Begriff für Bestechungsgeld.

Über **111 Milliarden Euro** gehen der EU jedes Jahr wegen **Korruption verloren.**

Über **eine Billion Euro** gehen den **Entwicklungsländern** jedes Jahr durch **Korruption verloren.**

Quelle: Weltwirtschaftsforum

Karolína und Tausende anderer AktivistInnen auf der ganzen Welt wissen: Ein Land, das Korruption nicht bekämpft, kann nicht demokratisch funktionieren. Wenn es »normal« ist, dass man für sogenannte »Gefallensleistungen«, für das Annehmen von Schmiergeldern oder für die Vergabe von Ämtern gegen Geld nicht bestraft wird, dann ist es nicht verwunderlich, wenn die BürgerInnen das Vertrauen in den Staat und seine Vertreter verlieren. Karolínas Beispiel sollte uns Mut machen: Natürlich können Demonstrationen das Problem nicht beseitigen, aber die Mobilisierung der BürgerInnen kann tatsächlich Veränderungen bewirken.

Transparency International

Transparency International (TI) ist eine internationale NGO, die 1993 in Berlin gegründet wurde, um weltweit gegen Korruption zu kämpfen. TI definiert Korruption als den »Missbrauch von anvertrauter Macht zum eigenen Vorteil«. Zur Korruption zählt die Organisation Bestechung und Bestechlichkeit, Vorteilsnahme und Veruntreuung, Zahlung von Schmiergeld, ja sogar Erpressung. Mittlerweile gibt es weltweit über 100 nationale Niederlassungen von TI, die in den jeweiligen Ländern unabhängig agieren. Transparency International erstellt einen jährlichen Korruptionsindex, den »Corruption Perceptions Index« (CPI), bei dem erfasst wird, wie die Korruptionslage in den einzelnen Ländern von Geschäftsleuten und Länderexperten empfunden wird. Die Skala reicht von 0 für »hochkorrupt« bis 100 für »sehr sauber«. In zwei Dritteln der 180 erfassten Länder lag der Wert im Jahr 2019 bei unter 50. Der Mittelwert für die europäischen Länder liegt bei 63. Die Slowakei liegt hier im unteren Drittel, aber es gibt andere europäische Länder, wie Kroatien, Rumänien, Bulgarien oder Griechenland, wo der Korruptionswert noch schlechter ist. Das Land mit der geringsten Korruption ist laut Korruptionsindex zurzeit Dänemark.

MER

Mehr über unsere Bücher, Autoren und Illustratoren auf:
www.gabriel-verlag.de

Cánepa, Julieta / Ducrozet, Pierre:
Wir machen Zukunft!
ISBN 978 3 522 30568 6

Aus dem Französischen von Kristina Petersen

Außenlektorat: Susanne Klein
Umschlaggestaltung und -typografie: Formlabor, Kerstin Schürmann unter Verwendung von Fotos aus dem Inhalt sowie einem Foto von Joshua Wong, © picture-alliance/AP Photo/Vincent Yu
Innentypografie: Tanja Haaf
Reproduktion: DIGIZWO Kessler + Kienzle GbR, Stuttgart und Schwabenrepro GmbH, Stuttgart
Druck und Bindung: Livonia Print, Riga

MIX
Papier aus verantwortungsvollen Quellen
FSC® C002795

Bildnachweis

S. 4–5: Xiuhtezcatl Martinez: © Präsident der UN-Vollversammlung via Visual Hunt; Felix Finkbeiner: © Plant-for-the-Planet; Malala Yousafzai: © United Nations Foto via Visual Hunt; Joshua Wong: © Chillino Drink via Visual Hunt; S. 10 © Michael Campanella / Getty Images; S. 14 © stephane_p via Visual Hunt; S. 22 © Foto von James Gourley / Getty Images; S. 24 © Foto von Ronen Tivony / SOPA Images / Light Rocket via Getty Images; S. 29 © Foto von Thierry Monasse / Getty Images; S. 30 © Foto von Ana Fernandez / SOPA Images / Light Rocket via Getty Images; S. 31 © Foto von Thierry Monasse / Getty Images; S. 35 © Foto von Helen H. Richardson / The Denver Post via Getty Images; S. 36 © Foto von Helen H. Richardson / The Denver Post via Getty Images; S. 37 © Foto von Josh Lawton / Digital First Media / Boulder Daily Camera / Getty Images; S. 38 © Foto von climate strike / Wikimedia Commons; S. 42 © Foto von Alexander Koerner / Getty Images; S. 52 © Foto von Michael Porro / Contour von Getty Images; S. 54 © The Ocean Cleanup; S. 67 © Foto von Sina Schuldt / picture alliance via Getty Images; S. 70 © Foto von Sina Schuldt / picture alliance via Getty Images; S. 71 © Plant-for-the-Planet; S. 78 © Foto von Ian Parker auf Unsplash; S. 83 © Vincent Noël; S. 85 © Foto von Veronique de Viguerie / Getty Images; S. 86 © Foto von Queen Elizabeth Hospital Birmingham via Getty Images; S. 87 © Foto von The Asahi Shimbun via Getty Images; S. 91 © Foto von Sean Drakes / Latin Content / Getty Images; S. 99 © Foto von Carlos R. Alvarez / WireImage; S. 111 © DFID – UK Department for International Development via Visual Hunt; S. 113 © Foto von Roy Rochlin / Getty Images; S. 114 © Foto von Andrew H. Walker / Getty Images; S. 116–117 © Foto von Michael Stewart / Getty Images; S. 123 © Foto von Kevin Mazur / Getty Images für March For Our Lives; S. 126 © Foto von Chip Somodevilla / Getty Images; S. 127 © Foto von Jeremy Hogan / SOPA Images / Light Rocket via Getty Images; S. 129 © Ellis Rua / Miami Herald / TNS via Getty Images; S. 130–131 © Mobilus In Mobili via Visual Hunt / CC BY-SA; S. 132 © Foto von Lam Yik Fei / Bloomberg via Getty Images; S. 134–135 © Foto von Handout / Getty Images; S. 140–141 © Foto von Carl Court / Getty Images; S. 144 © Photo von Michael Gruber / Getty Images; S. 146 © Foto von Stanislaw Jenis / SOPA Images / Light Rocket via Getty Images; S. 148–149 © Foto von Stanislaw Jenis / SOPA Images / Light Rocket via Getty Images.